世界海水鱼图鉴

600 种海水鱼饲养与鉴赏图典

[日]小林道信 著   张蓓蓓 译

中国民族摄影艺术出版社

目录
CONTENTS

小丑鱼

走进海水鱼的世界

西非沃佐鱼幼鱼

一对美国蓝魔（左：雌鱼、右：雄鱼）

　　用水族箱饲养海水鱼是很多人的爱好。饲养海水鱼的世界博大精深，充满乐趣。无论是大人还是孩子都可将其作为终身的爱好。用水族箱营造一个不同的水中世界，在家就可以享受它的乐趣。在水族箱里，除了饲养海水鱼、虾以外，还可以同时饲养珊瑚等珍贵的海洋生物。另外，随着您对海水鱼繁殖技术掌握的提升，还可以在自己的水族箱里培育出许多新的小生命。水族箱里饲养的都是有生命的生物，在管理水族箱的同时也有保护生命的责任。因此，管理水族箱需要花费一定的时间和精力，绝对不是一件轻松的事情，但是水族箱也会带给您超值的乐趣。

关上房间的灯欣赏，海水鱼水族箱比平常要美上数倍，给人以心灵的慰藉。

海水鱼各部位的名称

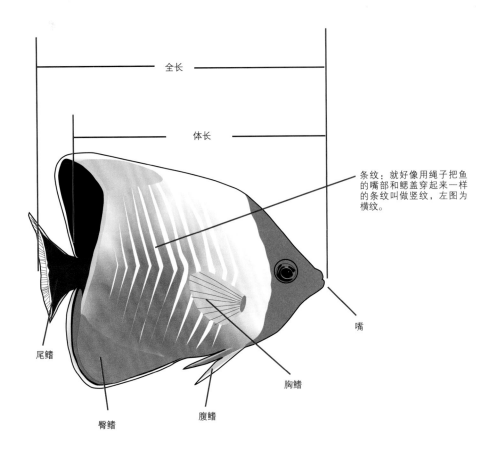

全长

体长

条纹：就好像用绳子把鱼的嘴部和鳃盖穿起来一样的条纹叫做竖纹，左图为横纹。

嘴

尾鳍

胸鳍

臀鳍

腹鳍

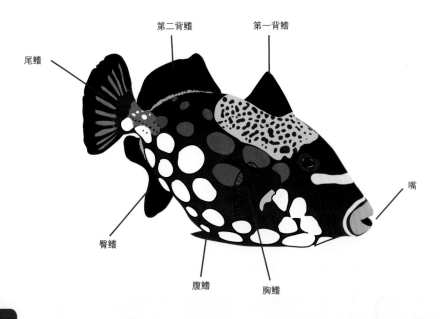

第二背鳍

第一背鳍

尾鳍

嘴

臀鳍

腹鳍

胸鳍

第一章

600种海水鱼名录

黑斑金黄神仙鱼
Centropyge hotumatua

全身呈橙色渐变，是非常受欢迎的小型神仙鱼之一。由于进口数量极少更使得它人气爆棚。这种鱼有一个特点就是非常怕热，所以饲养时必须在水族箱内安装空调。　全长：9cm　栖息地：南太平洋复活节岛周围海域

海水神仙鱼

Marine Angelfish

　　海水神仙鱼（刺尻鱼属）是海水鱼水族箱内的饲养品种之一，最受海水鱼饲养爱好者欢迎。海水神仙鱼的品种包括5～6cm的小型鱼和长大后能达到20cm以上的大型鱼，是可以在有珊瑚造景的水族箱里饲养的小型海水神仙鱼。这种鱼一般统称为小型神仙鱼，适宜用来装点大型或小型水族箱。

　　另外，大型海水神仙鱼中也有很多非常漂亮的品种，但是由于它们的体积太大，需要配备大型水族箱饲养，因此饲养大型海水神仙鱼就成了许多海水鱼爱好者的终极梦想。

黑尾神仙鱼
Centropyge vroliki

属于体色鲜艳品种繁多的刺尻鱼中体色比较朴素的一种，身体结实，易饲养。
●全长：10cm ●栖息地：太平洋中、西部

石美人神仙鱼
Centropyge bicolor

身体的前部和后部体色由鲜艳的黄色和蓝色组成，是一种入门品种。同种易斗，如果是雌雄一对则可在同一水族箱内饲养。 ●全长：15cm ●栖息地：西太平洋

蓝眼黄新娘神仙鱼
Centropyge flavissimus

别名柠檬批。全身呈醒目的黄色，眼圈、嘴和各鳍的边呈蓝色，体色优美。
●全长：12cm ●栖息地：太平洋中部

蓝眼黄新娘神仙鱼和黑尾神仙鱼的杂交品种
Centropyge flavissimus × vroliki

上图是只有尾鳍呈黑色的品种，身体的大部分特征都更加接近于蓝眼黄新娘神仙鱼的杂交个体。●全长：12cm ●栖息地：太平洋中部

蓝眼黄新娘神仙鱼和黑尾神仙鱼的杂交品种
Centropyge flavissimus × vroliki

众所周知，蓝眼黄新娘神仙鱼和黑尾神仙鱼在自然情况下也是极易杂交的。尾鳍上部有大面积黑斑的个体，魅力十足。●全长：12cm ●栖息地：太平洋中部

黄背蓝肚神仙鱼
Centropyge acanthops

别名蓝闪电，刺尻鱼的代表品种之一，人气非常高。由于采集地较远，所以运送成本非常高，尽管如此也依然是供不应求的入门品种。身体比较结实，易于饲养。●全长：7cm ●栖息地：太平洋西部

火焰神仙鱼
Centropyge loriculus

人气最高的刺尻鱼品种，经常进口。人见人爱的优美体色与体态，最适合在珊瑚造景的水族箱内饲养，能够提升整个水族箱的美感。它是刺尻鱼中比较结实的一种，在珊瑚造景的水族箱内饲养能够延长它们的寿命。●全长：10cm ●栖息地：太平洋中、西部

火焰神仙鱼的别种
Centropyge loriculus

火焰神仙鱼身体花纹较少的一种，根据采集地不同，身体花纹的数量也会有很大差别。●全长：10cm ●栖息地：太平洋中、西部

夏威夷火焰神仙鱼
Centropyge loriculus

夏威夷产的火焰神仙鱼，体色中的红色更加浓重，十分珍贵，进口数量相当少。●全长：10cm ●栖息地：太平洋中、西部

蓝色闪电神仙鱼
Centropyge bispinosus
身体结实易饲养的小型神仙鱼中具有代表性的入门品种。体色并不鲜艳，但是如果精心饲养会呈现出刀锋般的体色。●全长：12cm●栖息地：太平洋西部、印度洋

蓝色闪电神仙鱼的体色变异个体
Centropyge bispinosus
根据采集地点不同，蓝色闪电神仙鱼的体色会有很大不同，也有上图这样全身呈红色的个体。●全长：12cm●栖息地：太平洋西部、印度洋

蓝色闪电神仙鱼的体色变异个体
Centropyge bispinosus
上图的个体，体色几乎全部呈红色，根据饲养的水族箱不同也会呈现出近似于普通个体配色的体色。●全长：12cm●栖息地：太平洋西部、印度洋

蓝新娘神仙鱼
Centropyge interruptus
是栖息在日本的体型最大的刺尻鱼的中型品种。幼鱼非常可爱美丽。很少有日本产的采集品种在市面上流通。●全长：18cm●栖息地：南日本、日本中部的太平洋海域、伊豆七岛

渔夫神仙鱼
Centropyge fisheri
身体比较结实，易饲养的品种，但是进口数量不多。根据栖息环境不同，每个个体的体色差异较大。●全长：6cm●栖息地：夏威夷群岛

金头神仙鱼
Centropyge tibicen
身体结实易饲养，会在水族箱内积极地追逐鱼饵，个性活跃，让人充分体会到饲养的乐趣。适合在珊瑚布景的水族箱内饲养。●全长：7cm●栖息地：大西洋

蓝尾火背仙
Centropyge argi
身体由橙色和深蓝色两种颜色组成的美型鱼。在颜色相近的鱼类中，只有本品种的深蓝体色一直延伸到尾鳍，十分容易区分。●全长：6cm●栖息地：大西洋加勒比海南部

金背神仙鱼
Centropyge resplendens
采集地较远，只是偶尔进口的人气品种。几乎全身呈深蓝色偏紫色，体色优美，受海水鱼饲养爱好者的关注度较高。可以在水族箱内产卵，但是由于幼鱼体积小很难养大。●全长：6cm●栖息地：太平洋中部阿森松岛周边海域

白点仙
Centropyge aurantonotus
比较大型的刺尻鱼。是十分受欢迎的品种，但是有不爱捕食鱼饵的毛病，在喂食鱼饵的时候要多加注意。●全长：15cm●栖息地：西太平洋

可可仙
Centropyge joculator

体色近似于石美人神仙鱼和蓝眼黄新娘神仙鱼的杂交品种。体色优美，身体结实易饲养，人气很高。适合在珊瑚布景的水族箱内饲养。●全长：10cm ●栖息地：印度洋科克斯基林群岛和圣诞岛

深海珊瑚神仙鱼
Centropyge narcosis

身材较高的品种，体长较长，属于水族箱内存在感十足的小型鱼。●全长：7cm ●栖息地：南太平洋库克群岛周边海域

红闪电神仙鱼
Centropyge ferrugatus

一直是海水鱼爱好者们非常喜爱的鱼种，容易食饵，身体结实，是小型海水鱼入门的推荐品种。●全长：10cm ●栖息地：西太平洋

黄肚新娘神仙鱼
Centropyge venusta

体色艳丽、配色优雅的小型神仙鱼。对水质比较敏感，较难饲养。●全长：10cm ●栖息地：伊豆诸岛以南、菲律宾

橘红新娘神仙鱼
Centropyge shepardi

鱼如其名，鲜艳的橙色与绿色的海藻相互映衬的美型鱼。人气很高，进口数量也比较多。●全长：6cm ●栖息地：马里亚纳群岛周边海域

八线神仙鱼（瓦努阿图产）
Centropyge multifasciata

瓦努阿图产的八线神仙鱼。分布范围广泛的品种，根据产地不同体色与花纹也不同。●全长：10cm ●栖息地：西太平洋

八线神仙鱼
Centropyge multifasciata

身体结实易饲养，喜欢群游，尽可能在水草布景的水族箱内同时饲养5～10条以上。上图为菲律宾产的个体。●全长：10cm ●栖息地：西太平洋

黄新娘神仙鱼（斐济产）
Centropyge heraldi
产于斐济的黄新娘神仙鱼，又被称作
"斐济天使鱼"。其特点是背鳍后端呈
黑色。●全长：10cm ●栖息地：西太
平洋

薄荷神仙鱼
Centropyge boylei
配色鲜艳的小型天使鱼，人气很高，同样价格也很高。拥有它是不少海水鱼爱好者的
梦想。●全长：8cm ●栖息地：南太平洋库克群岛周边海域

黄新娘神仙鱼
Centropyge heraldi
几乎全身呈黄色的刺尻鱼。虽然没有华
丽的配色，但是在水族箱内十分醒目。
●全长：10cm ●栖息地：西太平洋

虎纹仙
Centropyge eibli
既不过于华丽也不过于朴素的小型天使
鱼。体侧布满了橙色的细条纹，十分时
尚。●全长：15cm ●栖息地：西太平
洋、印度洋

毛里求斯蓝仙
Centropyge debelius
进口数量很少的刺尻鱼的人气品种。别
名紫鳞仙。体色呈蓝紫色渐变，非常优
美。●全长：8cm ●栖息地：西印度洋
毛里求斯岛

紫背神仙鱼
Centropyge colini
背部呈蓝色，给人留下深刻印象的品
种。进口数量较少但是人气很高的美型
鱼。有些胆小，要尽量在良好的环境中
饲养。●全长：9cm ●栖息地：西太平
洋

拿克奇神仙鱼
Centropyge nahackyi
在日本只进口过一次的刺尻鱼品种，极
其稀有。因此关于此种鱼的饲养信息也
比较少，可以参考其他的刺尻鱼品种的
饲养方法饲养。●全长：12cm ●栖息
地：夏威夷东南的约翰斯顿岛

将小型的神仙鱼放到较大型的水族箱内，就好像在水族箱内营造出了真实的海底世界。前面的鱼是可可仙，后面的鱼是华丽线塘鳢。

珍珠鳞金神仙鱼。眼睛清澈十分可爱。

珍珠鳞金神仙鱼
Centropyge aurantius

全身呈深橙色的体色，给人印象深刻。进口数量较少。眼睛周围有蓝色的线勾边，十分可爱。●全长：12cm ●栖息地：印度尼西亚、大堡礁

黑神仙
Centropyge nox

全身呈黑色，形似乌鸦的一种刺尻鱼，但是在色彩明亮的海水鱼水族箱内却意外地十分醒目。●全长：10cm ●栖息地：西太平洋

茶色神仙鱼
Centropyge flavicauda

体色朴素的刺尻鱼，身体结实易饲养，价格也不十分昂贵，因此意外地受到广泛欢迎。●全长：8cm ●栖息地：西太平洋

多彩神仙鱼
Centropyge multicolor

因其体色丰富给人留下很深的印象。体色优雅，十分美丽，有很多爱好者在珊瑚造景的水族箱内饲养。刺尻鱼（小型神仙鱼的一种）中身体最结实最易饲养的品种。●全长：10cm ●栖息地：太平洋中部

成熟的多彩神仙鱼个体（摄影实物长约10cm）。即使长成成鱼后，它优美的配色也不会发生丝毫改变。

麒麟神仙鱼

Centropyge potteri

夏威夷群岛的固有品种，定期进口的刺尻鱼的人气品种。喜欢游曳在有珊瑚造景的水族箱内，性格活泼，能够给饲养者带来美的享受。不喜欢较高的水温，在水族箱内安装空调才能保证它的生长。●全长：10cm ●栖息地：夏威夷群岛

金点蓝嘴神仙鱼

Apolemichthys xanthopunctatus

鱼如其名，在其体侧分布着像撒满了金粉一样的金色鳞片，是非常受欢迎的大型天使鱼。饲养并不困难，但是对水质稍微有些敏感。进口数量少，价格高，所以也是许多热带鱼爱好者梦想中的饲养对象。●全长：20cm ●栖息地：太平洋中部

金点蓝嘴神仙鱼的幼鱼

金点蓝嘴神仙鱼的小鱼

灰神仙鱼

Pomacanthus arcuatus

在很久之前就是十分受海水鱼爱好者追捧的大型天使鱼，非常有名。这种鱼的魅力当属它的体型。它的成鱼最大可以长到50cm左右，体积相当大，所以最小也要在180cm左右的水族箱内饲养，否则很难把它养大。但是它在天使鱼中属于比较易饲养的品种。●全长：50cm ●栖息地：大西洋

灰神仙鱼的幼鱼

灰神仙鱼的小鱼

阿拉伯神仙鱼的幼鱼

皇帝神仙鱼
Pygoplites diacanthus

身体结实易饲养的中型天使鱼。在任何人看来都是拥有鲜艳体色的美丽鱼种，尤其是它身上的花纹更让人印象深刻。●全长：25cm ●栖息地：太平洋、印度洋

阿拉伯神仙鱼
Pomacanthus asfur

别名金毛巾，是深受海水鱼爱好者欢迎的中型鱼。本品种最大的魅力就在于它精悍的身体上带有黄色半月形花纹，十分醒目。只要是在过滤充分的水族箱内，饲养应该不是很困难。●全长：30cm ●栖息地：红海、雅典湾周边海域

蓝纹神仙鱼
Pomacanthus semicirculatus

其幼鱼到成鱼时期，全身都布满了连续的白色曲线花纹，因此而得名。●全长：40cm ●栖息地：印度洋、太平洋

蓝纹神仙鱼的幼鱼

蓝纹神仙鱼的成鱼

法国神仙鱼的幼鱼

法国神仙鱼
Pomacanthus paru

虽然体色并不是非常艳丽，但是体态极其优雅，它完美的身材比例更是让人过目难忘。虽然必须使用大型水族箱，但是很容易饲养。●全长：40cm ●栖息地：大西洋

半月神仙鱼

Pomacanthus maculosus

身体体积较大，体侧有鲜艳的黄色条纹，属大型天使鱼，是十分受欢迎的人气品种。一般的海水鱼爱好者都会称呼它的英文名maculosus。幼鱼的身体花纹与蓝纹神仙鱼很像，长大以后条纹逐渐消退，在身体上会出现一条很大的黄色条纹。以前它属于海水鱼中价格比较昂贵的观赏鱼，随着进口途径的扩大，现在市场上的流通数量也多了。它并不是饲养很困难的品种，但是要想使成鱼拥有优雅的体型，从幼鱼时期就要把它放在大型水族箱内饲养，这样它才能够茁壮成长。●全长：35cm ●栖息地：东非沿岸、红海、波斯湾

半月神仙鱼与蓝纹神仙鱼的杂交个体

Pomacanthus semicirculatus

这一品种应该是半月神仙鱼与蓝纹神仙鱼在自然条件下杂交而形成的个体。现在这条鱼的年龄不是很大，今后如何变化还有待观察。像左图这样的杂交个体，本来数量就非常少，加上进口数量更是稀少，所以即使标价高昂也会立刻售出。●全长：40cm ●栖息地：印度洋、太平洋

从饲养者手中取食的半月神仙鱼

半月神仙鱼的幼鱼。

随着幼鱼逐渐长大，它的体侧会出现黄色的斑纹。

女王神仙鱼的幼鱼

女王神仙鱼的成鱼

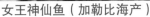

女王神仙的小鱼

女王神仙鱼（加勒比海产）

Holacanthus ciliaris

加勒比海的代表鱼类，因给人强烈的视觉冲击和优雅的美丽颜色而有很高的人气，因个体的不同具有各种各样的色彩变化。因为体型大且经常游动，所以要尽量准备大的水族箱。另外，同种之间会激烈争斗，所以要避免混养。●全长：40cm ●栖息地：大西洋

女王神仙鱼（圣保罗湾产）

Holacanthus ciliaris

圣保罗湾是一个很大的海湾，在它的外侧水域水深骤增，而且海流流速极快。在那一带海域栖息的女王神仙鱼，基本上就是一直在这样一个与外界隔绝的环境中栖息繁衍，因此它们和普通的天使鱼不同，体色呈深蓝色。在这一带海域的采集成本非常高，并且相当危险，所以这种鱼的进口数量极少，价格昂贵。●全长：40cm ●栖息地：圣保罗湾（大西洋）

女王神仙鱼（巴西产）

Holacanthus ciliaris

巴西产的女王神仙鱼与我们常见的加勒比海进口的天使鱼相比，全身体色的黄色要重一些。●全长：40cm ●栖息地：大西洋（巴西）

汤臣神仙鱼

Holacanthus ciliaris × H.bermudensis

女王神仙鱼和蓝神仙鱼在自然条件下杂交形成的品种，一般被称为汤臣神仙鱼，十分珍贵。●全长：40cm ●栖息地：大西洋

蓝面神仙鱼的幼鱼

Pomacanthus xanthometopon

蓝面神仙鱼的幼鱼与成鱼在外观上有很大差别，它的体色与蓝纹神仙鱼的体色接近。幼鱼的进口数量不多。●全长：40cm ●栖息地：印度洋、西太平洋

蓝面神仙鱼

Pomacanthus xanthometopon

最受欢迎的大型神仙鱼，体色独特优美，非常受欢迎。进口数量多，易购买。●全长：40cm ●栖息地：印度洋、西太平洋

黄头荷包鱼

Chaetodontoplus chrysocephalus

拥有荷包鱼与黑身荷包鱼的杂交品种的特点，十分稀有。自然界中存在的数量也很少，用于商业销售的更是少见。●全长：20cm ●栖息地：西太平洋

六线神仙鱼

Pomacanthus sexstriatus

体侧有6条颜色较暗的条纹，属大型神仙鱼。在人工饲养状态下，它是荷包鱼中体型最大的鱼种。性格质朴，很容易捕食饵饵，身体十分结实。●全长：50cm ●栖息地：西太平洋

六线神仙鱼的幼鱼

Pomacanthus sexstriatus

六线神仙鱼的幼鱼。有着和蓝纹神仙鱼的幼鱼近似的体色，即使长成成鱼以后也依然可以保持一部分幼鱼的影子。●全长：40cm ●栖息地：印度洋、西太平洋

裂唇鱼正在清理眼镜仙的鳃盖。

眼镜仙的幼鱼

眼镜仙
Chaetodontoplus conspicillatus

十分受欢迎的大型神仙鱼，别名点荷包鱼。栖息在水深30m左右的珊瑚礁海域，不耐较高水温，要使水温保持在23～25℃之间。●全长：25cm ●栖息地：新喀里多尼亚岛、豪勋爵岛

蓝神仙鱼
Holacanthus bermudensis

与女王神仙鱼非常相似的大型神仙鱼，此品种给人的印象朴素，进口数量较少。但似乎并不难购买。●全长：40cm ●栖息地：大西洋

蓝神仙鱼的幼鱼

蒙面神仙鱼的幼鱼

国王神仙鱼

Holacanthus passer

极有风格的大型天使鱼。其独特的气质吸引了极高的人气。易捕食鱼饵，身体结实，易饲养，但是性格较暴躁。●全长：25cm ●栖息地：太平洋东部

黄尾神仙鱼

Chaetodontoplus mesoleucus

乍看上去有些像蝴蝶鱼的天使鱼。对食物比较挑剔，很难养久。●全长：14cm ●栖息地：太平洋西部

蒙面神仙鱼

Apolemichthys arcuatus

夏威夷群岛的固有品种。进口数量少，较难购买。本品种性格略显神经质。最好在23～25℃水温下饲养。●全长：18cm ●栖息地：夏威夷群岛

国王神仙鱼与橙色神仙鱼的
杂交品种

Holacanthus passer×Holacanthus clarionensis

这是相当珍贵的刺蝶鱼类的同属杂交个体，良好地继承了两种鱼的特征。●全长：25cm。●栖息地：太平洋东部

幼鱼

橙色神仙鱼

Holacanthus clarionensis

对于大型神仙鱼爱好者们来说，这是一种无论如何都想养一回的品种。成鱼体色呈鲜艳的橙色，幼鱼到小鱼时期体侧的后半部分则会有非常醒目的蓝色横纹，十分美丽。●全长：20cm ●栖息地：太平洋东部

虎斑神仙鱼的幼鱼。黑色的底色上有蓝色和黄色的条纹，十分美丽。

虎斑神仙鱼
Pomacanthus zonipectus

随着幼鱼逐渐发育，身上的花纹也会发生急剧的变化，直到完全长成成鱼后，身上会留下一些不清晰的黄色曲线条纹，它是颜色朴素但是感觉十分厚重的高级海水鱼。●全长：45cm ●栖息地：太平洋东部

霸王神仙鱼
Apolemichthys griffisi

大型神仙鱼中比较新的稀有品种。采集数量有限，进口数量十分少。●全长：18cm ●栖息地：太平洋中部圣诞岛周边海域

耳斑神仙鱼的小鱼

耳斑神仙鱼
Pomacanthus chrysurus

鱼如其名，在成鱼的眼睛后部有一个非常明显的黄色勾边的黑斑，就在耳朵位置，因此而得名。成鱼的进口数量极少。如果个体的状态良好则很容易捕食鱼饵，易饲养。●全长：30cm ●栖息地：西印度洋的非洲沿岸地区

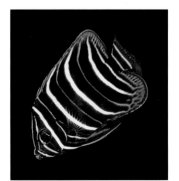

耳斑神仙鱼的幼鱼

耳斑神仙鱼的成鱼

美国石美人神仙鱼

Holacanthus tricolor

身体上的黑色与明快的黄色形成了鲜明的对比，是非常美丽的大型神仙鱼。经常进口5～8cm的幼鱼。性格比较神经质。●全长：20cm ●栖息地：加勒比海、大西洋西部

印度红小丑

Apolemichthys xanthotis

属于比较珍贵的鱼种，偶尔有少量进口。体色朴素，但是在水族箱内却十分醒目。性格温和。●全长：15cm ●栖息地：红海、阿拉伯湾

荷包鱼（越南产）

Chaetodontoplus septentrionalis

越南产的荷包鱼身体的花纹与栖息在日本近海的荷包鱼没有太大的差别，但是头部的花纹与日本产的完全不同，十分有趣。一般来说在观赏鱼的世界里，一旦有进口的途径，那么就会有很多身体花纹不同的已经为人熟知的鱼种进口。●全长：20cm ●栖息地：越南

荷包鱼

Chaetodontoplus septentrionalis

在伊豆附近海域也有的温带海水鱼，夏季饲养时需要在水族箱内加上空调。市面上比较少见。●全长：20cm ●栖息地：日本关东地区以南沿岸、中国台湾

蓝环神仙鱼
Hyphessobrycon sholzei

浅褐色的身体上有蓝色的连续性曲线花纹，属大型海水天使鱼。可以和其他鱼种混养。●全长：40cm ●栖息地：太平洋西部、印度洋

蓝环神仙鱼的幼鱼，身体的花纹和蓝纹神仙鱼的幼鱼很相似。这种鱼从幼鱼向成鱼发育的过程中，体色和花纹会逐渐发生变化。进口的数量并不很多，如果能够成功购买到幼鱼，饲养者就可以慢慢享受它的体色变化的乐趣。

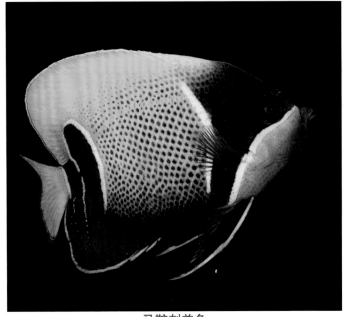

马鞍刺盖鱼
Pomacanthus navarchus

体色优美，任何人看到都会惊叹它的魅力，属于大型神仙鱼。有的时候有些比较小的个体也会散发出成鱼般的鲜艳色彩，那时候就会觉得自己赚到了。性格有些神经质，但是容易饲养，是可以长期饲养的品种。●全长：30cm ●栖息地：太平洋西部

皇后神仙鱼
Pomacanthus imperator

大型神仙鱼中最受欢迎的种类之一，体色、花纹独特，让人过目不忘。从幼鱼到成鱼都经常进口，所以容易购买。左上图是太平洋产的品种，背鳍形状是尖的；右上图是印度洋产的品种，背鳍的尖端呈圆形。●全长：40cm ●栖息地：印度洋、太平洋

蓝条灰神仙鱼
Chaetodontoplus caeruleopunctatus

呈黑色的体侧散布着蓝色的小圆点，就好像闪烁在夜空里的群星，给人一种无法忘记的美丽。●全长：14cm ●栖息地：菲律宾、西里伯斯岛

澳洲神仙鱼
Chaetodontoplus duboulayi

澳大利亚具有代表性的海水天使鱼。易捕食饵料，对环境变化的适应力较强，易购买。●全长：28cm ●栖息地：澳大利亚东部

蓝嘴新娘神仙鱼和印度蓝嘴神仙鱼的杂交品种
Apolemichthys trimaculatus xApolemichthys xanthurus

人们普遍认为它是蓝嘴新娘神仙鱼和印度蓝嘴神仙鱼的高度杂交品种。体色介于二者之间。●全长：20cm ●栖息地：印度洋

半蒙面神仙鱼
Genicanthus semicinctus

给人感觉十分朴素的斑点神仙鱼属的品种，只栖息在澳大利亚，进口的数量极其稀少。●全长：20cm ●栖息地：豪勋爵岛周边海域

正在由雄性向雌性转变中的拉马克神仙鱼

Genicanthus lamarcki

性格温和，同种之间争斗较少。经常从菲律宾进口，数量多价格低，易饲养。
●全长：20cm ●栖息地：印度洋、太平洋西部

黑斑神仙鱼 雌鱼

Genicanthus melanospilos

雌鱼体色为白色，但是从头部沿着背鳍呈鲜艳的黄色渐变。在水族箱内饲养时会发生性别转换，由雌鱼变为雄鱼。
●全长：16cm ●栖息地：太平洋西部

黑斑神仙鱼 雄鱼

Genicanthus melanospilos

在同属的鱼类中，除了拉马克神仙鱼，就数它的进口数量最多。易捕食鱼饵，性格温和，适合与其他鱼种混养。最好在氧气供给充足的大型水族箱内饲养。
●全长：18cm ●栖息地：太平洋西部

半纹神仙鱼 雌鱼

Genicanthus semifasciatus

最初人们并不知道它是半纹神仙鱼的雌鱼，给它单独起了个名字。当此品种开始发生性别转换的时候，体色就会逐渐变成右图的样子。●全长：18cm ●栖息地：日本南部、菲律宾

半纹神仙鱼 雄鱼

Genicanthus semifasciatus

栖息在日本近海（伊豆群岛、和歌山、四国等）的美丽的月蝶鱼属品种。作为日本知名的美型月蝶鱼种，也深受其他国家爱好者的喜爱。●全长：18cm ●栖息地：日本南部、菲律宾

土耳其神仙鱼 雌鱼

Genicanthus bellus

很多热带鱼爱好者都认为这种鱼的雌鱼要比雄鱼好看，很受欢迎，因而雌鱼的进口量也比雄鱼多。●全长：15cm ●栖息地：太平洋中西部

蓝宝新娘神仙鱼 雌鱼

Genicanthus lamarcki

雌鱼体色朴素，淡蓝色的鱼鳍上各有一条粗粗的黑线作装饰，是月蝶鱼属中因为性别转换而闻名的鱼种。●全长：15cm ●栖息地：印度洋、太平洋西部

蓝宝新娘神仙鱼 雄鱼

Genicanthus lamarcki

月蝶鱼属中比较受欢迎的鱼种，但是进口数量比较少。雄鱼体侧下部有黑白相间的条纹，尾鳍的上部和下部较长。●全长：20cm ●栖息地：太平洋中西部

土耳其神仙鱼 雄鱼

Chaetodontoplus chrysocephalus

雌性的性别转换后，就会逐渐变成上图的样子。本品种的雌鱼更受欢迎，因此有很多爱好者都不希望它们转换性别。●全长：15cm ●栖息地：太平洋中西部

面具神仙鱼 雌鱼

Genicanthus personatus

1975年始见关于这种鱼的记载，当时采集到了雌鱼，因其面部颜色好像带着面具而得名。●全长：15cm ●栖息地：夏威夷群岛

面具神仙鱼 雄鱼

Genicanthus personatus

夏威夷群岛周边海域的固有品种。进口数量极少的珍稀鱼种，价格非常高昂。饲养困难，需要在装有空调的大型水族箱内饲养。●全长：20cm ●栖息地：夏威夷群岛

西非神仙鱼
Holacanthus africanus

栖息在日本海到西非沿岸的广阔海域中的天使鱼。成鱼称不上美丽，但是幼鱼几乎全身呈深的珠光蓝色，体色优美十分受欢迎。也正是因为其人气高，采集困难，所以价格也相当昂贵。只要注意把水温控制在较低的温度，饲养起来并不困难，偶有进口。
●全长：40cm ●栖息地：西非沿岸

西非神仙鱼的成鱼，丝毫没有幼鱼的影子。

黑身荷包鱼
Chaetodontoplus melanosoma

进口比较频繁。性格温和容易被欺负，混养时需要注意。如果不注意保持营养均衡则易变瘦。●全长：18cm ●栖息地：太平洋西部

黑身荷包鱼的幼鱼。它的样子比其他鱼都可爱。

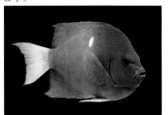

蓝钻神仙鱼的成鱼。基本上保持了蓝色调。

红海虎皮王 雄鱼
Genicanthus caudovittatus
与黑斑神仙鱼很像的斑点神仙鱼属的天
使鱼。但是本品种的雌鱼从背部到背
鳍都有一条长长的黑斑，很容易识别。
基本性质与黑斑神仙鱼没有什么太大
差异。●全长：20cm ●栖息地：红海
（东非沿岸部分）

蓝钻神仙鱼
Holacanthus limbaughi
体色非常优美，但是栖息地比较偏僻，因此很少进口，价格昂贵。●全长：30cm ●
栖息地：太平洋中部

本氏蝶鱼
Chaetodon bennetti
拥有漂亮花纹的蝴蝶鱼。对水质较敏感而且以珊瑚触手为食，饲养有难度。较大的个体难于饲养，因此最好从较小的个体开始饲养。●全长：18cm ●栖息地：印度洋、太平洋

蝴蝶鱼
Butterfly Fishes

　　蝴蝶鱼是最具有热带海水鱼特点的鱼种。蝴蝶鱼体色极为鲜艳的品种有很多，是所有海水鱼爱好者都想饲养的鱼种。但是，蝴蝶鱼中有很多品种只以活珊瑚的触手为食，极其偏食，因此饲养比较困难。要想让它们更好地吃饵，就只能把生蛤蜊或者生虾剁碎后涂抹在珊瑚礁上，营造出比较接近自然的捕食环境，培养它们对鱼饵的兴趣，然后让它们慢慢习惯这种鱼饵，需要花一番心思。

　　因此，海水鱼饲养经验尚浅的爱好者最好避免饲养这种鱼，饲养一些捕食范围比较广泛的杂食性鱼种比较好。杂食性的蝴蝶鱼，主要栖息在食物较少的较深水域内，因此养成了只要是肉类的鱼饵都食用的习性，也正是因为这个原因，饲养起来也比较方便，易于喂养。

人字蝶鱼
Chaetodon auriga
进口蝴蝶鱼中最受欢迎的品种之一。易食鱼饵、易饲养。可食干燥饵。●全长：20cm ●栖息地：印度洋、太平洋

双印蝶鱼
Chaetodon ulietensis
易食鱼饵，身体结实。性格较温和，因此混养时需要注意，如果受到其他鱼的攻击，要尽快将其转移。●全长：15cm ●栖息地：太平洋

月眉蝶鱼
Chaetodon lunula
经常进口的蝴蝶鱼品种。嘴比较小，因此在喂食前要先将鱼饵切碎。●全长：20cm ●栖息地：印度洋、太平洋

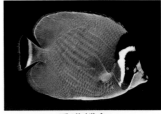

香港蝶鱼
Chaetodon weibeli
饲养时，需要把剁碎的蛤蜊和虾肉涂抹在珊瑚礁上，伪装成自然环境中捕食鱼饵的状态。●全长：18cm ●栖息地：太平洋西部（主要为东海海域）

黑斜纹蝶鱼
Chaetodon meyeri

身上的花纹美丽且有特点，但是对于食物非常挑剔，只食用珊瑚触手，属于有名的不太容易吃鱼饵的品种，寿命较短。●全长：18cm ●栖息地：印度洋、太平洋

黄斜纹蝶鱼
Chaetodon ornatissimus

因其嘴部呈黑色而得名。以珊瑚触手为食，不易吃鱼饵，只建议有蝴蝶鱼饲养经验的爱好者饲养。●全长：20cm ●栖息地：印度洋、太平洋

红海黄金蝶鱼
Chaetodon semilarvatus

红海的代表性蝴蝶鱼。特点是全身染上了鲜艳的黄色，而在其面部有一个淡淡的大黑斑，由于是从遥远的红海进口，所以价格昂贵。在大型水族箱内饲养，同种之间争斗较少，如果同时饲养5~10条会提升整个水族箱的美感。●全长：25cm ●栖息地：红海

黑影蝶鱼
Chaetodon lineolatus

蝴蝶鱼属中最大型的鱼种，给人的视觉冲击不逊于天使鱼，小鱼很容易食用鱼饵。●全长：30cm ●栖息地：印度洋、太平洋

黄头蝶鱼
Chaetodon xanthocephalus

和学名相比，倒是它的昵称金月光蝶鱼为人所熟知。是易于捕食鱼饵的品种，建议避免和性格较强的鱼种混养。●全长：20cm ●栖息地：印度洋

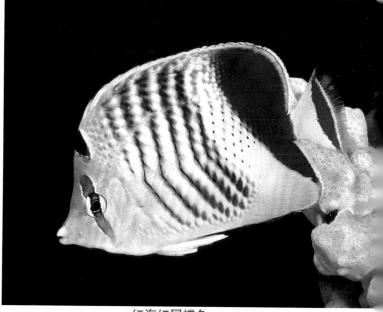

红海红尾蝶鱼
Chaetodon paucifasciatus

与橙尾蝶鱼比较接近，身体的后半部分呈鲜艳的红色，而橙尾蝶鱼则呈鲜艳的橘黄色，因此比较容易区分。进口数量少，价格昂贵，属于杂食性鱼类，所以容易捕食鱼饵，易饲养。●全长：14cm ●栖息地：红海

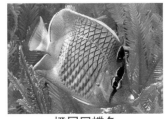

橙尾网蝶鱼
Chaetodon xanthurus
体侧有黑色网状花纹，身体后部呈橙色。价格低廉，身体结实易饲养。是适合初学者饲养的品种。●全长：14cm ●栖息地：太平洋西部

橘尾蝴蝶鱼
Chaetodon madagascariensis
和橙尾蝶鱼略有亲缘关系的鱼种，进口数量极其稀少。身体花纹的差异也不是很大。●全长：10cm ●栖息地：印度洋

太平洋天皇蝶鱼
Chaetodon baronessa
在日文里其名字有三角形的含义。看上去可能觉得它属于比较贵的鱼种，但实际上价格适中，进口数量也比较多。易捕食鱼饵，最好从较小的个体开始饲养。●全长：15cm ●栖息地：太平洋中部和西部

默氏蝴蝶鱼
Chaetodon mertensii
外观与上述两种蝴蝶鱼非常相似。只是偶尔从印度尼西亚进口，因此数量极少。●全长：12cm ●栖息地：太平洋西部

怪蝴蝶鱼
Chaetodon larvatus
热带鱼爱好者大多亲切地称它为红海天皇蝴蝶鱼。属于以珊瑚触手喂食的种类，难于捕食鱼饵，因此不建议初学者饲养。●全长：15cm ●栖息地：红海、亚丁湾

三角蝴蝶鱼
Chaetodon triangulum
太平洋天皇蝶鱼的印度洋品种。两种鱼只是在尾部的花纹上略有不同。饲养方法和太平洋天皇蝶鱼相同。●全长：15cm ●栖息地：印度洋

白脚斜纹蝶鱼
Chaetodon ocellicaudus
黑背蝴蝶鱼的近缘品种，非常美丽的蝴蝶鱼。经常与黑背蝴蝶鱼一同进口。●全长：14cm ●栖息地：太平洋西部

红海蝴蝶鱼
Chaetodon austriacus
栖息在红海，与三带蝴蝶鱼比较近似的鱼种。很难捕食鱼饵，因此最好选择易捕食鱼饵的幼鱼饲养。除非是雌雄一对饲养，否则同种之间极易发生争斗。●全长：12cm ●栖息地：红海

黑鳍蝴蝶鱼
Chaetodon melapterus
和三带蝴蝶鱼的体型和色彩搭配比较相似的鱼种大概有3种，它是体色最鲜艳的一种。以珊瑚触手为食，不易捕食鱼饵。●全长：12cm ●栖息地：波斯湾、阿拉伯海

熊猫蝶鱼
Chaetodon adiergastos

性格稍微有些神经质，对于食物比较挑剔。因为嘴部比较小，需要事先把饵切碎然后喂食。经常有进口。●全长：15cm ●栖息地：太平洋西部

三带蝴蝶鱼
Chaetodon lunulatus

体色优雅，人气很高。要想让它捕食鱼饵，需要先在珊瑚礁上涂上蛤蜊和虾肉的碎末。●全长：15cm ●栖息地：印度洋、太平洋

印度三带蝴蝶鱼
Chaetodon trifasciatus

以前一直被当做是三带蝴蝶鱼的变种。身体的蓝色较强，尾部花纹为黄色。与三带蝴蝶鱼一样难以捕食鱼饵。●全长：15cm ●栖息地：印度洋

领蝴蝶鱼
Chaetodon collare

色彩独特，人气较高。以珊瑚的触手为主要食物，尤其是成鱼很难捕食鱼饵。经常有进口。●全长：18cm ●栖息地：印度洋、太平洋西部

四点蝴蝶鱼
Chaetodon quadrimaculatus

体侧各有两个斑点，因此而得名。主要以珊瑚触手为食，最好从适应性比较好的幼鱼开始饲养。●全长：16cm ●栖息地：太平洋中、西部

纹带蝴蝶鱼
Chaetodon falcula

通称印度三间蝶，是双印蝶的印度洋品种。身体结实，直接从印度尼西亚进口。●全长：18cm ●栖息地：印度洋

黑背蝴蝶鱼
Chaetodon melannotus

十分受欢迎的蝴蝶鱼。分布广泛，进口数量较多，经常从菲律宾进口。●全长：15cm ●栖息地：印度洋、太平洋西部

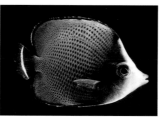

黑斑蝴蝶鱼
Chaetodon nigropunctatus

体色相当朴素的鱼种。只以珊瑚的触手为食，因此难以饲养，也许是因为它的体色过于朴素不受欢迎的缘故，最近几乎没有进口。●全长：13cm ●栖息地：阿拉伯海

纹身蝴蝶鱼
Chaetodon kleinii

珊瑚礁海域中最常见的观赏鱼，分布范围极其广泛。可用固体鱼饵喂养，非常结实，进口数量也很多。●全长：14cm ●栖息地：印度洋、太平洋

月光蝶
Chaetodon ephipium

鱼如其名，在其背部的后方有一个非常醒目的大的黑色斑点。体色色彩丰富，身体结实，易捕食鱼饵。●全长：20cm ●栖息地：印度洋、太平洋

珍珠白眉
Chaetodon auripes

温带适应性品种。在日本千叶县以南的太平洋海域沿岸十分常见，甚至可以自行采集。容易罹患白点病。●全长：20cm ●栖息地：太平洋西部、日本南关东以南的本州岛沿岸

条纹蝶
Chaetodon humeralis

温带海水蝴蝶鱼。杂食性品种，喜欢20℃以下的水温，因此不能与热带海水鱼混养。基本上没有进口。●全长：15cm ●栖息地：太平洋东部

皇冠坦克蝶
Chaetodon flavocoronatus
大多栖息在关岛，水深40～75m的深水海域。由于生活在深水海域，养成了杂食的习惯，易于饲养。●全长：12cm ●栖息地：马里亚纳群岛

波斯蝶
Chaetodon burgessi
白种泛黄的身体上有较宽的黑色斜纹。栖息在水深50m左右的深水海域，因此饲养时水温不能超过26℃。●全长：14cm ●栖息地：太平洋西部

珍珠蝶
Chaetodon reticulatus
身体结实易饲养。主要以浮游动物为食，如果适应了也可以喂食干燥鱼饵等各种鱼饵。●全长：16cm ●栖息地：太平洋中、西部

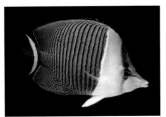

中白蝴蝶鱼
Chaetodon mesoleucos
体色独特，进口数量少，难以购买。易食性，但是个性粗暴，与其他鱼混养的时候需要注意。●全长：13cm ●栖息地：红海中部、亚丁湾

坦克蝶
Chaetodon tinkeri
夏威夷群岛特产的蝴蝶鱼。生活在较深海域内的杂食性蝴蝶鱼，因此只要是动物性鱼饵什么都可以吃，易饲养。如果习惯了也可以喂食固体鱼饵或干燥虾较少，属于价格昂贵的品种。●全长：12cm ●栖息地：夏威夷群岛

斜纹蝴蝶鱼
Chaetodon vagabundus
蝴蝶鱼中最受欢迎的种类之一。易捕食鱼饵，身体结实，推荐初学者饲养。●全长：20cm ●栖息地：印度洋、太平洋

横纹蝴蝶鱼
Chaetodon decussatus
通称为黑斑人字蝶。身体后端的黑色部分引人注目。主要从斯里兰卡、印度尼西亚进口。●全长：18cm ●栖息地：印度洋

金坦克蝶
Chaetodon declivis
黄、白、黑三色配色鲜艳，与坦克蝶较近似。栖息在水深30m左右的水域内，属于杂食性鱼类，因此易捕食鱼饵，易于饲养。●全长：14cm ●栖息地：太平洋中部的法属波利尼西亚群岛

集中饲养了各种蝴蝶鱼的海水鱼水族箱

澳洲彩虹蝶
Chaetodon rainfordi

栖息在著名的大堡礁。进口数量少。以珊瑚触手为食，所以难以吃饵，饲养起来比较麻烦。●全长：15cm ●栖息地：澳大利亚东北部

珍珠白眉
Chaetodon octofasciatus

身上花纹简洁，在以五颜六色的蝴蝶鱼为主的水族箱里，它的存在显得弥足珍贵。需要有些耐心才能让它吃饵。●全长：10cm ●栖息地：印度洋、太平洋

珍珠白眉 黄色
Chaetodon octofasciatus

全身呈黄色的珍珠白眉，因此而闻名。饮食习性与普通品种一样。●全长：10cm ●栖息地：印度洋、太平洋

网蝶
Chaetodon rafflessi

全身呈奶油般的黄色，身体上有规则的网格图案。虽然主要以珊瑚类为食，但是在水族箱内也能够轻松捕食鱼饵，属于易饲养的品种。●全长：15cm ●栖息地：印度洋、太平洋

桑给巴尔蝶
Chaetodon zanzibariensis

全身呈鲜艳的黄色。进口数量少，购买困难。主要以珊瑚触手为食，不易捕食鱼饵。●全长：12cm ●栖息地：太平洋中部

三纹蝴蝶鱼
Chaetodon trifascialis

体侧花纹独特。专食珊瑚触手，在水族箱内无法捕食鱼饵。进口数量少。●全长：18cm ●栖息地：印度洋、太平洋

游曳在种植了茂密海藻的水族箱中的蝴蝶鱼

枯叶蝶鱼
Chaetodon sendentarius
栖息在加勒比海与墨西哥湾。对于鱼饵不挑剔，甚至可以食用人工鱼饵。因为体色朴素很少有进口。●全长：15cm ●栖息地：佛罗里达、加勒比海

一点蝴蝶鱼
Chaetodon unimaculatus
黄白相间的身体上有大块的黑斑。自然状态下只以珊瑚触手为食，如果适应性强可以吃一些冷冻蛤蜊和碎虾肉。●全长：20cm ●栖息地：印度洋、太平洋

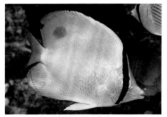

金带蝴蝶鱼
Chaetodon aureofasciatus
较小型的蝴蝶鱼。幼鱼以珊瑚的触手和黏膜为食，不易饵。经常从澳大利亚进口。●全长：13cm ●栖息地：澳大利亚东部

蓝斑蝴蝶鱼
Chaetodon plebeius
体侧的蓝色部分十分美丽，经常从菲律宾进口。以珊瑚触手为食，难于饲养。●全长：12cm ●栖息地：太平洋中部

四斑蝴蝶鱼
Chaetodon capistratus
又称为四眼蝶。体色虽然不是很鲜艳，但是性格很好，是一种花纹独特的鱼种。●全长：15cm ●栖息地：大西洋

白虎纹蝶
Chaetodon multicinctus
只栖息在夏威夷群岛与约翰顿环礁。以珊瑚触手为主食，有时只吃蛤蜊，对食物很挑剔。●全长：12cm ●栖息地：夏威夷群岛

鳍斑蝴蝶鱼
Chaetodon ocellatus
背鳍后端附近有淡淡的黑色斑点。属于大西洋中最大型的蝴蝶鱼。身体结实易食鱼饵，但是进口数量却不多。●全长：20cm ●栖息地：大西洋

条带蝴蝶鱼
Chaetodon striatus
加勒比海中最普通的蝴蝶鱼种。属杂食性，易捕食鱼饵。性格温和，最好避免与个性凶悍的鱼混养。●全长：16cm ●栖息地：太平洋

密点蝴蝶鱼
Chaetodon citrinellus
因身上长着类似于芝麻的斑点而得名，如果身体条件良好则斑点呈蓝色。属杂食性，易食饵。●全长：13cm ●栖息地：印度洋、太平洋

副蝴蝶鱼
Parachaetodon ocellatus
单属单种的蝴蝶鱼。属杂食，易食鱼饵。由菲律宾等地进口，数量较少。●全长：18cm ●栖息地：印度洋、太平洋

一点蝶
Chaetodon speculum
主要以珊瑚礁的触手为食。最好使用味道较强的蛤蜊肉作为鱼饵。性格温和，如果混养需要注意选择与之搭配的鱼种。●全长：18cm ●栖息地：太平洋、印度洋

日本蝴蝶鱼
Chaetodon nippon
日本海沿岸比较常见的温带海水鱼。身体结实，易于饲养，到夏季需要使用空调将水温保持在25～26℃。●全长：15cm ●栖息地：太平洋西部

虎纹蝶

Puntius semifasciolatus var.

其特点是在体侧有很多黑色的斜纹。杂食性鱼类，所以易食鱼饵，易饲养。
●全长：12cm ●栖息地：太平洋中、西部

虎纹蝶的别种

Chaetodon pelewensis

和虎纹蝶相比花纹不是很规整的品种。但是这样凌乱的花纹究竟是只能维持一代还是到下一代也能保持，充满了变数。●全长：12cm ●栖息地：太平洋中、西部

点斑横带蝴蝶鱼

Chaetodon punctatofasciatus

体侧有7条较暗的条纹，十分有特点。经常从菲律宾进口。易食鱼饵。●全长：12cm ●栖息地：太平洋中、西部

澳洲帝王蝶

Chaetodon flavirostris

身体的大半部分呈黑色，给人感觉有些奇怪的蝴蝶鱼。黑色和橙色的组合给人以精明强悍的印象。●全长：20cm
●栖息地：大堡礁

虎皮蝶

Chaetodon miliaris

仅在夏威夷周边海域栖息的固有品种。性格略有些神经质，在水族箱内饲养后身体会呈黑色。●全长：13cm ●栖息地：夏威夷群岛

波带蝴蝶鱼

Chaetodon tricinctus

相当珍贵的蝴蝶鱼。饲养时需要在水族箱上安装空调。几乎从不进口的稀有品种。●全长：16cm ●栖息地：豪勋爵岛周边地域

帛琉三间蝶

Chaetodon guyanensis

身体上有呈八字形的黑斑。栖息在100～200m左右的深海水鱼，饲养时需要安装空调。稀有品种。●全长：12cm ●栖息地：加勒比海南部

八字蝴蝶鱼

Chaetodon mercellae

身体上有八字形的黑斑。饲养时需要安装空调，几乎没有进口的稀有品种。●全长：14cm ●栖息地：大西洋西非沿岸

宽带双蝶鱼

Amphichaetodon howensis

非常珍贵的品种。饲养时需要空调。几乎没有进口的稀有品种。●全长：16cm ●栖息地：分布在以豪勋爵岛为中心的海域内

澳洲三间火箭蝶

Chelmon mulleri

澳大利亚的稀有品种，很少进口。价格高昂的珍稀品种，杂食性鱼种，喜欢吃切碎的虾肉、鱼肉、贝肉和线虫。●全长：18cm ●栖息地：澳大利亚东北部

沙州蝴蝶鱼

Chaetodon aya

身体有呈八字形的黑斑。生活在水深30～150m的深海海域。饲养时需要空调。属于稀有品种。●全长：15cm ●栖息地：墨西哥湾到尤卡坦半岛附近的海域

黄火箭蝶

Forcipiger flavissimus

经常从菲律宾进口的人气很高的品种。对鱼饵并不挑剔。但是因为嘴部比较小，需要事先把鱼饵切碎后喂食。●全长：20cm ●栖息地：印度洋、太平洋

三间火箭蝶鱼
Chelmon rostratus

昵称三间火箭,更为人们所熟悉。体型独特,色彩鲜艳,深受爱好者的喜爱。对鱼饵不挑剔,身体结实。●全长:20cm ●栖息地:印度洋、大西洋西部

西澳三间火箭
Chelmon marginalis

近似于三间火箭的海水鱼。身体结实,易食鱼饵。喜欢吃切碎的虾类和鱼贝类。●全长:18cm ●栖息地:大堡礁、澳大利亚西北部

澳洲东泰麻蝶
Chelmon truncatus

栖息在澳大利亚南部的温带海域里。需要用空调将水温维持在23~25℃饲养。属杂食性,易食鱼饵。●全长:22cm ●栖息地:澳大利亚南部

日本黑蝶
Chaetodon daedalma

日本特有的蝴蝶鱼。在各国海水鱼爱好者当中也相当有名。易食鱼饵。●全长:14cm ●栖息地:关东以南的伊豆群岛、小笠原群岛等地

美国长嘴蝶
Chaetodon aculeatus

加勒比海中比较珍贵的品种。栖息在20~30m深的海域。最好是用擦成丝的虾、鱼、贝肉做饵。●全长:10cm ●栖息地:加勒比海等地

齿蝶鱼
Chaetodon falcifer

进口数量极其稀少的稀有品种。体积较大。饲养时需要使用空调把水温保持在23~26℃。●全长:16cm ●栖息地:大西洋东部

霞蝶鱼
Hemitaurichthys zoster

身体图案十分有趣。通称为"印度霞蝶"。易捕食鱼饵,如果适应了也可以吃干燥鱼饵。●全长:18cm ●栖息地:印度洋

多鳞霞蝶鱼
Chaetodon polylepis

体色搭配十分大胆的蝴蝶鱼。易食鱼饵,适应后也可食用干燥鱼饵。●全长:18m ●栖息地:太平洋中、西部

双点少女鱼
Coradion melanopus

背鳍和尾鳍上有很大的眼睛形状的黑斑,这样可以给天敌造成自己是体积非常大的鱼的错觉。●全长:14cm ●栖息地:太平洋西部

褐带少女鱼
Coradion altivelis

体型较高,视觉效果好。属于杂食性鱼类,喜欢吃冷冻的小虾、鱼贝类的碎肉。●全长:14cm ●栖息地:太平洋西部(印度洋局部)

僧帽蝴蝶鱼
Chaetodon mitratus

栖息在水深30m以下的海域内,属于杂食性鱼类,易食鱼饵,容易饲养。但是采集困难,所以进口数量少,属于高级品种。●全长:14cm ●栖息地:印度洋

朴蝴蝶鱼
Chaetodon modestus

身体结实、易饲养的鱼类。身体上有一个眼状的斑点,可以用来迷惑天敌。●全长:17cm ●栖息地:印度洋、太平洋

黑白关刀
Heniochus diphreutes
身体结实不挑食，易罹患白点病。在大型水族箱内群游时场面非常壮观。●全长：25cm ●栖息地：印度洋、太平洋

花关刀
Heniochus singularis
体型与黑面关刀相似，属于大型马夫鱼类。以珊瑚的触手为食，不易捕食鱼饵。●全长：20cm ●栖息地：太平洋西部、马尔代夫

金口马夫鱼
Heniochus chrysostomus
体型非常精悍的马夫鱼，又称羽毛关刀。以珊瑚触手为食，不易食鱼饵，难以饲养。放到水族箱内饲养容易罹患白点病，需要特别注意。最好不要放到刚刚布置好的水族箱内饲养（因为水质还不稳定）。●全长：18cm ●栖息地：太平洋中、西部

马夫鱼
Heniochus acuminatus
和其他蝴蝶鱼相比，经常会被误认为是另外的品种，实际上仍属于蝴蝶鱼。身体结实，不挑食，易饲养。●全长：25cm ●栖息地：印度洋、太平洋

印度关刀
Heniochus varius
体型很有特点的海水鱼。成鱼的眼睛上方和头部有明显突起。小的个体比较容易捕食鱼饵。经常从菲律宾进口。●全长：18cm ●栖息地：太平洋中、西部

黑关刀
Heniochus pleurotaetaenia
过去被认为是黑白关刀的变种，现在已经作为一个新的品种，把它们区分开来。易食鱼饵。偶尔从斯里兰卡进口。●全长：17cm ●栖息地：印度洋

黑面关刀
Heniochus monoceros
马夫鱼中比较大型的种类。经常从菲律宾等地进口。不挑食，易饲养。●全长：20cm ●栖息地：印度洋、太平洋

红海关刀
Heniochus intermedius
红海特有的马夫鱼。眼睛上有小的突起。饲养方法与马夫鱼相同。进口数量不多。●全长：18cm ●栖息地：红海

盔姥鲈
Enoplosus armatus
栖息在水温较低的地方，如果在水族箱内饲养需要安装空调，水温保持在25℃以下。●全长：22cm ●栖息地：澳大利亚南、西部

约翰兰德蝴蝶鱼
Johnrandallia nigrirostris
介于蝴蝶鱼属和马夫鱼属之间的鱼类，是很有名的清道夫，几乎没有进口。
●全长：16cm ●栖息地：太平洋东部

圆燕鱼 幼鱼
Platax orbicularis
圆燕鱼的幼鱼，因其独特的体型而大受欢迎。它的食量很大，所以成长速度较快。幼鱼从菲律宾进口。●全长：12cm ●栖息地：印度洋、太平洋西部

圆翅燕鱼
Platax pinnatus
燕鱼中圆翅燕鱼的幼鱼，体型独特且优美，有很高的人气。随着不断成长，原先长长的背鳍和尾鳍会逐渐变短，完全长成以后会变成体型较高的圆形鱼。●全长：45cm
●栖息地：印度洋、太平洋西部

大西洋白鲳鱼 小鱼
Caetodipterus faber
图中是小鱼。成鱼的第二背鳍以及臀鳍都会有延伸出的棘条。是几乎没有进口的珍稀品种。●全长：90cm ●栖息地：大西洋

金钱鱼
Scatophagus argus
热带鱼中为人所熟知的深水汽水鱼。幼鱼身体上有红色的花纹，十分美丽。经常吃水族箱内的苔藓。●全长：30cm ●栖息地：印度洋、太平洋

守护在即将孵化的受精卵身边的小丑鱼

一对守护着岩石背面的鱼卵的小丑鱼

雀鲷
Damsel Fishes

雀鲷以小型热带鱼为主，60cm左右的小水族箱内就可以饲养。虽然雀鲷的体积不大，但是色彩极其丰富，大多是色彩鲜艳、体型可爱的鱼种。在自然界里雀鲷大多喜欢同种成群结队地群游，除个别的品种外，不同种的雀鲷之间容易为了争夺地盘而互相打斗。所以不能同时饲养多种雀鲷，这也是很遗憾的事情。

小丑鱼在分类上属于雀鲷科鱼种。本书也把小丑鱼算作雀鲷科的一种进行介绍。

小丑鱼因其与海葵的共存关系而闻名，实际上我们也可以通过水族箱来轻松地观察小丑鱼是如何与海葵共同生存的。但是，根据小丑鱼的种类不同，各自所喜爱的海葵也不同，如果不能够按照小丑鱼的偏好进行搭配，恐怕我们就不能充分

地观察到它们的共生关系。所以，需要事先调查好自己饲养的小丑鱼喜欢和哪种海葵共同生存。

小丑鱼
Amphiprion clarkii

最受欢迎，也是分布最为广泛的品种。这种小丑鱼喜欢和海虱、珊瑚、海胆、海葵共同生存。在水族箱内繁衍后代的例子有很多。小丑鱼性格沉稳，身体结实，但是皮肤和鳃盖略显脆弱，刚刚进口的时候容易引起皮肤干燥等现象，因此十分容易罹患白点病。最好与海葵共同饲养。经常从菲律宾、印度尼西亚或者冲绳进口。●全长：13cm ●栖息地：印度洋、太平洋

小丑鱼（印度洋产）
Amphiprion clarkii

印度洋产小丑鱼，一般来讲体色介于普通的小丑鱼和澳大利亚产小丑鱼之间，非常有趣。●全长：13cm ●栖息地：印度洋

小丑鱼（瓦努阿图产）
Amphiprion clarkii

瓦努阿图产的小丑鱼。普通小丑鱼尾鳍根部的白色斑点完全消失。●全长：13cm ●栖息地：瓦努阿图

小丑鱼（澳大利亚产）
Amphiprion clarkii

澳大利亚产的小丑鱼，除白色斑点部分以外，全身呈黑色。●全长：13cm ●栖息地：澳大利亚周边海域

粉红小丑鱼
Amphiprion perideraion

粉红小丑鱼是从很久以前就深受热带鱼爱好者喜爱的品种，价格低廉，体态可爱，人气很高。它的特点是在鳃盖部分有一条白色的细长斑纹，这是它与外观相似的线小丑的主要区别。●全长：10cm ●栖息地：太平洋西部、印度洋东部

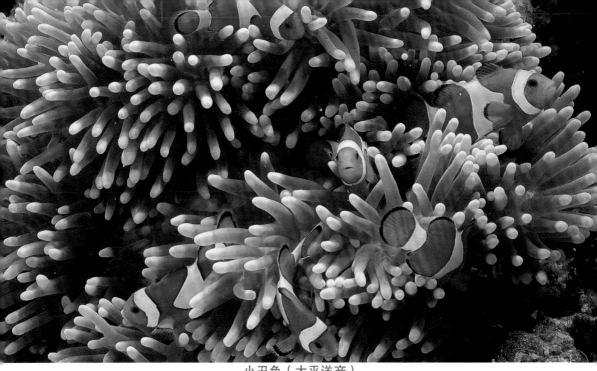

小丑鱼（太平洋产）
Amphiprion ocellaris

最常见的小丑鱼。它在小丑鱼中体型最小，最适合在小型水族箱内饲养。另外，这种小丑鱼对鱼饵并不挑剔，极易饲养。它有的时候身体会一直摇摆，看上去给人的感觉有些羸弱，但实际上身体非常结实，推荐初学者饲养。但是，如果发现它们游泳的姿势有些不自然或者鱼鳍的尖部有白色污浊，最好不要购买。另外，这种小丑鱼喜欢和地毯海葵一同生活。●全长：11cm ●栖息地：太平洋西部

小丑鱼最大的魅力就是它们可爱的动作。尤其是当它们突然转身面向你的时候，绝对不是用"好可爱"一个词就可以形容的。

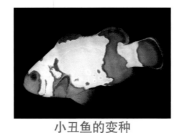

小丑鱼的变种
Amphiprion ocellaris

小丑鱼的身体花纹发生变异的个体，白色的部分完全呈不规则图形，花纹已经不是白色条纹状。●全长：11cm ●栖息地：太平洋西部

小丑鱼的变种
Amphiprion ocellaris

第二条白带向身体前部突出。●全长：6cm ●栖息地：太平洋西部

小丑鱼的变种
Amphiprion ocellaris

小丑鱼的变种有很多，上图就是其中之一，第二条白带明显地向前方突出。●全长：8cm ●栖息地：不明

小丑鱼的变种
Amphiprion ocellaris

第二条白带在背鳍的位置突然中断。●全长：4cm ●栖息地：太平洋西部

公子小丑鱼
Amphiprion ocellaris

成鱼的身体变成黑色的澳大利亚产小丑鱼，一般被称为公子小丑。●全长：11cm ●栖息地：澳大利亚

小丑鱼的变种
Amphiprion ocellaris

上图前面的这条小丑鱼横穿过身体的白带周围的黑边已经完全消失。仅仅是没有了黑边，整个小丑鱼的风格就发生了很大变化。●全长：11cm ●栖息地：太平洋西部

黑背心（黑边公子小丑鱼）
Amphiprion perculla

一般被称为黑背心，或者黑边公子小丑鱼，与小丑鱼近似的另一种小丑鱼。
●全长：11cm ●栖息地：西太平洋中部、东南部

小丑鱼的变种
Amphiprion ocellaris

第二条白带到背鳍根部就消失的小丑鱼的幼鱼，长大以后也有可能发育成上图的样子。●全长：4cm ●栖息地：太平洋西部

黑背心（黑边公子小丑鱼）黑化种
Amphiprion perculla

黑背心因变种众多而闻名（花纹或者体色）。上图就是身体大半变成黑色的品种。
●全长：11cm ●栖息地：西太平洋中部、东南部

白额小丑鱼
Amphiprion leucokranos

曾经一度被当做新的品种而记载在案，现在公认它是自然环境下的种间杂交的后代。●全长：15cm ●栖息地：巴布亚新几内亚、所罗门群岛

黑双带小丑鱼
Amphiprion sebae

属于比较大型的小丑鱼。体色对比鲜明，在水族箱内十分醒目。易饲养，身体结实，进口数量少。●全长：16cm ●栖息地：印度洋中、西部

线小丑
Amphiprion akallopisos

很早以前就深受热带鱼爱好者喜爱的鱼种，价格低廉，体态可爱，很受欢迎。体型与粉红小丑鱼相似，但是本品种鳃盖部分没有细长的白色花纹，可以以此区分二者。●全长：10cm ●栖息地：印度洋

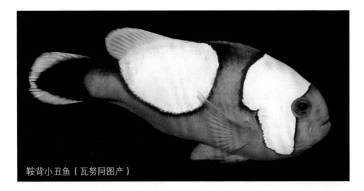

鞍背小丑鱼（瓦努阿图产）

鞍背小丑鱼
Amphiprion polymnus

喜欢和地毯海葵共同生存的大型小丑鱼。经常从菲律宾进口幼鱼。●全长：13cm ●栖息地：印度洋、太平洋西部

黑豹小丑鱼
Amphiprion latezonatus

特点是体侧有两条较宽的白色条纹，十分醒目。因此很容易和其他品种加以区分。●全长：14cm ●栖息地：澳大利亚东部

金透红小丑鱼
Premnas biaculeatus

鳃盖后方有一条很明显的肉刺，与其他的小丑鱼属于不同种属。性格有些暴躁，与其他品种混养时需要加以注意。●全长：12cm ●栖息地：印度洋、太平洋西部

金透红小丑鱼 雌鱼
Premnas biaculeatus

金透红小丑鱼的雌鱼。幼鱼是雄性，长大以后会变性为雌性。因此雌性比雄性的体型更加突出。

红小丑鱼

Amphiprion nigripes

采集于马尔代夫群岛。进口数量少，有时会成批进口。身体结实，不挑食，易饲养。体型较大，需要在75cm左右的水族箱内饲养。●全长：11cm ●栖息地：马尔代夫、斯里兰卡

澳洲小丑鱼

Amphiprion rubrocinctus

上图为人工繁殖的个体。进口的澳洲小丑鱼几乎都为人工繁殖品种。●全长：15cm ●栖息地：澳大利亚西北部沿岸

琴尾鸳鸯

Amphiprion allardi

很少进口的小丑鱼之一。特点是体侧有两条白带，尾鳍也带有白色。●全长：14cm ●栖息地：东非沿岸

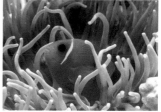

印度红小丑

Amphiprion ephippium

体侧后方有深色的斑点，鳃盖有明显的白色斑纹，属于大型的小丑鱼。红小丑的印度洋品种。●全长：14cm ●栖息地：分布在安达曼中心海域

黑红小丑鱼

Amphiprion melanopus

体色变化为红黑搭配的小丑鱼，与大多数小丑鱼的轻松明快的印象不同，给人以相当的厚重感。●全长：14cm ●栖息地：太平洋中南部

小丑鱼杂交个体

Amphiprion frenatus × Amphiprion sp.

不同品种的小丑鱼交配后繁衍出的后代。小丑鱼很容易不同种类交配繁衍后代。●全长：15cm ●栖息地：印度洋、太平洋西部

蓝纹小丑鱼

Amphiprion chrysopterus

腹鳍与各个鱼鳍都呈鲜艳的橙色、黄色，属于大型小丑鱼。并不是非常普通的品种。●全长：15cm ●栖息地：太平洋西部（马里亚纳群岛以南）

黑副雀鲷
Neoglyphidodon nigroris
上图为成鱼照片。与其幼鱼相比变化很大，甚至容易让人误以为是完全不同的两个品种。大多数漂亮的雀鲷幼鱼都是此品种。●全长：13cm ●栖息地：印度洋、太平洋西部

黑副雀鲷幼鱼
Neoglyphidodon nigroris
幼鱼体色呈黄色，身上有两条平行的黑色纵纹，十分美丽。发育成成鱼后变成左上图的模样。●全长：13cm ●栖息地：印度洋、太平洋西部

青玉雀
Pomacentrus pavo
鱼如其名，确实是十分美型的雀鲷。根据产地不同其体色的深浅也不同，反映了地域差异。●全长：8cm ●栖息地：印度洋、太平洋西部

三间雀
Dascyllus aruanus
给人感觉身体圆圆的，有3条横纹，十分可爱。进口数量很多，可以随时随地买到。●全长：8cm ●栖息地：印度洋、太平洋西部

四间雀
Dascyllus melanurus
最受欢迎的雀鲷之一。身体结实易饲养。与三间雀十分相似，但是本品种的尾鳍上有黑色斑点。●全长：5cm ●栖息地：太平洋西部

卵圆光鳃鱼
Chromis ovalis
夏威夷的特有品种。上图中的幼鱼背鳍上有黄色和明亮的青紫色，两种颜色对比鲜明，十分美丽。在大自然中喜欢群游。●全长：10cm ●栖息地：夏威夷群岛

高欢雀鲷
Hypsypops rubicunda
大型雀鲷鱼之一。栖息在受海流影响水温较低（13～16℃）的海域内，长期饲养需要在水族箱内安装空调。●全长：25cm ●栖息地：以下加利福尼亚为中心的太平洋东部

高欢雀鲷的幼鱼
Hypsypops rubicunda
高欢雀鲷的幼鱼体色呈深橙色，体侧有鲜明的蓝色斑点。●全长：25cm ●栖息地：以下加利福尼亚为中心的太平洋东部

林氏光鳃鱼
Chromis limbaughi
在比较深的海域内群居生存。体色优美，人气很高，但是进口数量很少。●全长：12cm ●栖息地：太平洋东部

网纹宅泥鱼
Dascyllus reticulatus
十分受欢迎的一种雀鲷。头部和眼睛很大，十分可爱的样子。价格低廉，随时可以购买到。●全长：8cm ●栖息地：太平洋西部

肉色宅泥鱼
Dascyllus carneus
网纹宅泥鱼的印度洋版。经常有进口，并不难购买。●全长：7cm ●栖息地：印度洋

三点白圆雀鲷
Dascyllus trimaculatus
身体全部呈黑色，体侧有白色斑点。虽然体色是黑色，但是却意外地很醒目，尤其在水族箱内更是如此。●全长：14cm ●栖息地：印度洋、太平洋西部

美国蓝魔鬼

Chrysiptera taupou

别名美国蓝魔。大多栖息在斐济群岛周围，人气很高。同种会发生激烈争斗，因此最好单独饲养。上图左侧的个体是雌鱼，右侧为雄鱼。雄鱼的体色更加优美。●全长：8cm ●栖息地：太平洋南部

蓝魔鬼

Chrysiptera cyanea

通称为圆尾金翅雀鲷。属于观赏性海水鱼的代表鱼种之一。在小型水族箱内同种之间容易发生激烈争斗，较弱的个体经常会死于非命。●全长：8cm ●栖息地：印度洋、太平洋西部

黄尾蓝魔鬼

Chrysiptera parasema

臀部呈黄色的雀鲷。可爱的体型给人印象十分深刻，但是同种之间或者体色接近的鱼种之间容易发生激烈争斗。●全长：4cm ●栖息地：日本近海、菲律宾

黄尾蓝魔鬼的别种

Chrysiptera parasema var

栖息在新几内亚的黄尾蓝魔鬼的别种。黄尾蓝魔鬼在很多地区都有变种。●全长：4cm ●栖息地：新几内亚周边海域

半蓝魔鬼

Chrysiptera hemicyanea

在市场上称为半蓝金翅雀鲷。全身被蓝色和黄色分为两部分的美型鱼。进口数量不多。喜食动物性鱼饵。●全长：4cm ●栖息地：太平洋西部

蓝魔鬼变种

Chrysiptera cyanea var.

蓝魔鬼众多地域变种之一。体色优美，十分受欢迎。与蓝魔鬼一样，同种之间喜欢争斗。●全长：8cm ●栖息地：太平洋中部

蓝魔鬼变种

Chrysiptera cyanea var.

蓝魔鬼众多地域变种之一。特点是尾鳍呈鲜艳的橙色。进口数量不多。●全长：8cm ●栖息地：太平洋中部

黄深水魔
Chrysiptera galba
全身呈鲜艳的黄色，十分美丽。在以珊瑚为中心的水族箱内，会显得非常醒目。但是性格有些暴躁，要避免混养。●全长：12cm ●栖息地：复活节岛周边海域

六线豆娘鱼
Abudefduf sexfasciutus
属于喜欢群游的雀鲷。身体体侧有6条黑色的斑纹，给人感觉十分清凉，如果是群游效果将会倍增。●全长：17cm ●栖息地：印度洋、太平洋

五间豆娘鱼
Abudefduf vaigiensis
与六线豆娘鱼十分相似的鱼种。喜欢群游。可以自行采集。●全长：17cm ●栖息地：印度洋、太平洋

青光鳃鱼
Chromis cyanea
体型优雅，体色呈优美的天蓝色，是一种十分有魅力的雀鲷。人气较高的高级品种，但是最好要多条群游饲养。●全长：12cm ●栖息地：大西洋

蓝线雀鱼
Neoglyphidodon oxyodon
主要栖息在菲律宾等地。体色优美人气较高，但是从幼鱼时期开始就性格暴躁，不适合混养。●全长：15cm ●栖息地：菲律宾以南西太平洋地区

眶锯雀鲷属的一种
Stegastes sp.
体色呈近于黑色的深棕色，与鲜艳的明黄色搭配，对比鲜明十分美丽。但是有些遗憾，现在人们仍然不知道它的正确属种。●全长：4cm ●栖息地：太平洋东部

三点白圆雀鲷的变种
Dascyllus trimaculatus var.
三点白圆雀鲷的变种。在美丽的幼鱼时期，身体上充满魅力的黄色随着发育而不断消失。●全长：15cm ●栖息地：太平洋中部、圣诞岛周边海域

阳光豆娘鱼
Chromis insolata
它的幼鱼美得惊人，栖息在较深的海域内，因此几乎没有进口，但是最近进口数量开始逐渐增加。●全长：15cm ●栖息地：佛罗里达、加勒比海

凡氏光鳃鱼
Chromis vanderbilti
性格温和的雀鲷，不适合与其他鱼种混养。在自然界中，经常分成一小群一小群安静地生活。●全长：5cm ●栖息地：太平洋西部

黄肚豆娘
Chrysiptera cyanea
属于体型较高的雀鲷的幼鱼，腹鳍和臀鳍以及尾鳍都呈黄色，有一种优雅的美。●全长：10cm ●栖息地：印度洋、太平洋

蓝新雀鲷
Neopomacentrus cyanomos
与新雀鲷比较相似，但是本品种的各个鱼鳍全部呈黄色，所以很容易区分。属于十分有魅力的品种，进口数量稀少。●全长：5cm ●栖息地：印度洋、太平洋西部

橙黄金翅雀鲷
Chrysiptera rex
体色给人一种沉静优雅的美。但是并不是随时都可以买到的品种，有时候会成批进口。●全长：7cm ●栖息地：太平洋西部

三斑圆雀鲷
Stegastes planifrons
幼鱼时期体色呈鲜艳的黄色，给人留下深刻的印象。但是这种美丽的体色随着成长逐渐变成棕色。●全长：12cm ●栖息地：大西洋

塔氏雀雕
Chrysiptera talboti
背后有一块大大的黑斑。整个身体色调明快，因此黑斑就更加醒目，即使长大也不会消失。个性孤僻，不喜群游。●全长：6cm ●栖息地：太平洋西部

可可粉雀鲷
Stegastes variabilis
栖息于加勒比海的普通品种。上图为幼鱼，后背呈蓝色，其他部分为黄色，体色优美，成鱼的体色会变成朴素的棕色。●全长：12cm ●栖息地：大西洋

黑线雀
Chromis retrofasciata
尾鳍的根部附近有一条黑色的横纹，十分可爱。因为其体态可爱所以人气很高，是比较流行的品种。●全长：4cm ●栖息地：太平洋西部

尾斑椒雀鲷
Plectroglyphidodon johnstonianus
鱼如其名，身体呈琉璃色。进口数量少，偶尔从菲律宾等地进口。●全长：9cm ●栖息地：印度洋、太平洋

黄尾雀鲷
Pomacentrus amboinensis
身体呈明快的浅黄色，给人的印象并不十分艳丽，甚至是略显朴素。从菲律宾进口。●全长：10cm ●栖息地：太平洋西部（安达曼海）

眼斑椒雀鲷
Plectroglyphidodon lacrymatus
身体散落着细微的金属蓝色的光芒。并不艳丽的美丽鱼种。进口数量少。●全长：10cm ●栖息地：印度洋、太平洋

美国蓝珍珠雀
Microspathodon dorsalis
雀鲷中最大的一种。幼鱼身体呈黑色，上面布有蓝色斑点，随着成长斑点会逐渐消失，体色变为灰褐色。●全长：30cm ●栖息地：太平洋东部

黑副雀鲷
Neoglyphidodon melas
发育成成鱼后，全身呈黑色，因此而得名。上图为幼鱼，随着时间的增加体色变化较大。●全长：15cm ●栖息地：印度洋、太平洋西部

黑点黄雀
Pomacentrus salfureus
体型虽小，但是其存在感丝毫不亚于高欢雀鲷。性格非常暴躁，不能混养，只适合单独饲养。●全长：6cm ●栖息地：印度洋西部、红海

王子雀鲷
Pomacentrus vaiuli
全身布满极小的蓝色圆点。并不艳丽，给人感觉十分沉着。进口数量相当少。●全长：9cm ●栖息地：太平洋西部

二色雀鲷
Chromis margaritifer
体色由黑白两色分为两个部分，配色十分有趣。这样的颜色搭配对其生存会不会有什么益处呢？●全长：5cm ●栖息地：太平洋西部

黄背蓝天使

Chrysiptera starcki

色彩呈鲜艳的青紫色，从嘴部经背部到尾部都呈黄色。姿态优美，性格乖戾，尽量在水族箱内单独饲养比较安全。●全长：10cm ●栖息地：太平洋西部

白带金翅雀鲷

Chrysiptera leucopoma

幼鱼体色呈黄色，身体上有一条蓝色的金属细线，背部有很大的眼状斑点。这种鱼的幼鱼十分美丽。●全长：7cm ●栖息地：印度洋、太平洋

黑吻雀鲷

Amblyglyphidodon curacao

体色与蓝绿光鳃鱼相似，但是体型更加高大。主要栖息在日本琉球群岛，进口数量较多。●全长：10cm ●栖息地：太平洋中部

金豆娘

Amblyglyphidodon aureus

身体呈明快的黄色调，给人的感觉十分清凉。数条群游的时候更能营造出清凉的氛围（有时会同种争斗）。●全长：15cm ●栖息地：太平洋西部

红燕

Neoglyphidodon crossi

上图为其幼鱼。这种鱼在幼鱼时期非常美。并不是经常有进口，偶尔会成批进口。●全长：13cm ●栖息地：印度尼西亚

梭地豆娘鱼

Abudefduf sordidus

上图为其幼鱼，体型短小肥厚，给人感觉十分可爱。●全长：18cm ●栖息地：印度太平洋

蓝绿光鳃鱼

Chromis viridis

大多数雀鲷都会在水族箱内激烈争斗，但是这一种却例外。它们能够很和谐地一起游泳，给饲养者提供极佳的看点。●全长：10cm ●栖息地：印度洋、太平洋西部

三带金翅雀鲷

Chrysiptera tricincta

在日本栖息范围十分广泛，甚至可以自己采集。偶而会有进口，但是数量不多。易擦伤，易罹患白点病，需要多加注意。●全长：6cm ●栖息地：太平洋西部

羽高身雀鲷

Stegastes altus

鱼如其名，成鱼身形较高。上图为幼鱼，给人十分可爱的印象。●全长：14cm ●栖息地：日本千叶县以南、中国台湾

闪烁光鳃鱼

Chromis nitida

从头部到背部有一条很锐利的黑线，给人的感觉十分犀利。身体结实，游泳的姿势十分灵敏。●全长：8cm ●栖息地：澳大利亚东部

灰边宅泥鱼

Dascyllus marginatus

主要栖息在红海海域的宅泥鱼。体色与太平洋地区的宅泥鱼完全不同，给人感觉十分独特。●全长：6cm ●栖息地：红海、奥曼湾

黄肚蓝魔鬼

Pomacentrus coelestis

与黄尾蓝魔鬼相像，但是这一品种的面部看上去更加可爱。在日本千叶县以南的海域可以自行采集。●全长：8cm ●栖息地：太平洋南部

雀鲷们纷纷捕食投入水族箱内的鱼饵

黄肚蓝魔鬼（印度洋产）

Pomacentrus coelestis var.

黄肚蓝魔鬼的印度洋品种。身体后半部分的黄色面积更大，蓝色的身体部分和普通品种相比要小一些。●全长：8cm ●栖息地：印度洋

短头金带雀

Amblypomacentrus breviceps

身体上只有一半的黑色条纹，给人感觉很可爱。只是极其偶尔地从印度尼西亚等地成批进口。●全长：6cm ●栖息地：印度洋、太平洋西部

罗氏金翅雀鲷

Chrysiptera rollandi

与鲜艳的体色无缘的雀鲷，但是放在水族箱内反而给人的感觉很新鲜。进口数量并不是很多。●全长：6cm ●栖息地：太平洋西部

花尾连鳍鱼 幼鱼
Novaculichthys taeniourus

很多人都认为它的幼鱼时期是模仿海藻的拟态鱼。真希望它长大后也能保持这个样子。●全长：25cm ●栖息地：印度洋，太平洋中、西部

花尾连鳍鱼
Novaculichthys taeniourus

花尾连鳍鱼的成鱼，某些方面还保留了幼鱼的影子。十分有趣。●全长：25cm ●栖息地：印度洋，太平洋中、西部

七带猪齿鱼
Lienardella fasciatus

长着几颗锋利的牙齿，易食鱼饵，易饲养，主要从菲律宾进口。●全长：25cm ●栖息地：太平洋西部、印度洋

似花普提鱼 幼鱼
Bodianus anthioides

体色十分美丽，体形优美，深受欢迎。身体结实易饲养，有很多人可以将它饲养到成鱼阶段。●全长：20cm ●栖息地：印度洋，太平洋中、西部

似花普提鱼
Bodianus anthioides

它的幼鱼最后会演变成上图的样子，很多鱼随着成长外观会发生很大变化。●全长：20cm ●栖息地：印度洋，太平洋中、西部

条纹细唇隆头鱼
Minilabrus striatus

栖息在红海、体色十分艳丽的普提鱼。体型极其优美，所以这么受欢迎，但并不是定期进口，属于稀有品种。●全长：50cm ●栖息地：印度洋，太平洋中、西部

美普提鱼
Bodianus pulchellus

由红黄两色构成的体色，魅力十足。这种鱼姿态优美，长成成鱼后也不会变得非常庞大，这是它的魅力之一。●全长：15cm ●栖息地：大西洋

红普提鱼
Bodianus rufus

广泛栖息在大西洋热带海域的美型鱼。幼鱼到小鱼时期身体都是由黄色和紫色构成，发育成成鱼以后体色就会变成略带紫色的复杂色调。●全长：40cm ●栖息地：大西洋

黑鳍厚唇鱼 幼鱼
Channa pleurophthalmus

体色几乎只有黑白二色，嘴部向下垂，给人感觉十分有趣。●全长：50cm ●栖息地：印度洋，太平洋中、西部

拉氏丝隆头鱼
Cirrhilabrus labouti

体色鲜艳，花纹十分具有艺术感，属于小型的淡带丝隆头鱼（上图为雌性）。这种隆头鱼根据地域不同体色会有很大变化，并因此而闻名。饲养难度中等，但是对高水温和水质比较敏感，需要注意。●全长：13cm ●栖息地：澳大利亚东部

黑鳍隆头鱼 幼鱼
Wetmorella nigropinnata

臀鳍后端有大大的眼状斑点，腹鳍也有眼状斑点而且面积更大，外形十分有趣。●全长：8cm ●栖息地：印度洋，太平洋中、西部

七带猪齿鱼长着几颗锋利的牙齿

盖普提鱼
Bodianus opercularis

体色由红白二色的平行条纹构成，十分优美。进口数量稀少，虽然价格高昂但依然很快就被抢购一空。栖息在较深的海域，因此25℃以下的水温比较适合，夏季在水族箱内需要放置空调。●全长：13cm ●栖息地：印度洋

丝鳍鲷
Cirrhilabrus bathyphilus

汤加产的隆头鱼。体侧的前半部分呈赤红色，如果精心喂养就会使体色更加鲜艳。●全长：10cm ●栖息地：汤加

凹尾副唇鱼
Paracheilinus angulatus

紫罗兰色和黄色的斑纹有一种皇家的美感。价格高昂，人气十足，进口数量少。●全长：8cm ●栖息地：菲律宾、印度尼西亚

哈氏锦鱼
Thalassoma hardwicke

色调复杂，发育成熟后黑色的横纹和糖果色的体色搭配使它更加醒目。身体结实，易饲养。●全长：20cm ●栖息地：印度洋，太平洋中、西部

派氏丝隆头鱼
Cirrhilabrus pylei

由马尼拉进口的非常美丽的淡带丝隆头鱼，人气极高。体色十分优美。●全长：9cm ●栖息地：太平洋西部（菲律宾等地）

红鳞丝隆头鱼
Cirrhilabrus rubrisquamis

可能是因为它的头部呈圆形的弧线，给人留下十分柔和的印象。对于水质恶化比较敏感，需要在清洁的水质下饲养。●全长：10cm ●栖息地：马尔代夫

尼尔氏普提鱼
Bodianus neilli

全身呈粉色的美型鱼。喜欢吃虾，最好不要与虾同时饲养，喂饵时注意保持营养均衡。●全长：25cm ●栖息地：印度洋东部

眼斑拟唇鱼
Pseudocheilinus ocellatus
全身呈鲜艳的红色，人气很高。栖息在深海，因此捕获数量较少，进口数量相当少。对于高水温比较敏感，夏季时水族箱内必须放置空调。●全长：10cm ●栖息地：太平洋西部

蓝首海猪鱼
Halichoeres cyanocehalus
左图是幼鱼时期的照片，十分美丽的大西洋产的海水鱼。人气很高，价格高昂，经常有进口。身体结实易饲养，但是不能适应高水温，在水族箱内需要加空调，常温保持在26℃以下。●全长：30cm ●栖息地：大西洋

六带拟唇鱼
Pseudocheilinus hexataenia
易饲养，易捕食鱼饵。如果想延长它的寿命，可以在能够提供丰富食物的珊瑚造景水族箱内饲养。●全长：7cm ●栖息地：印度洋，太平洋中、西部

四带拟唇鱼
Pseudocheilinus tetrataenia
小型美型普提鱼。它的身材适合在珊瑚造景的水族箱内饲养，会很快地捕食水中的小虾和扫帚蠕虫。●全长：7cm ●栖息地：太平洋中、西部

条纹拟唇鱼
Pseudocheilinus octotaenia
身体结实易饲养的普提鱼。贩卖名称为八带拟唇鱼。嘴部较大，性格贪婪，捕食小型虾类。●全长：10cm ●栖息地：印度洋，太平洋中、西部

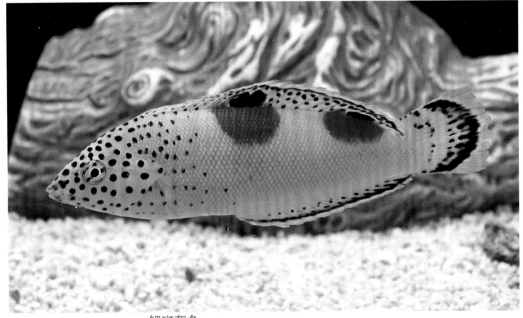

鳃斑盔鱼
Coris aygula

十分受欢迎的普提鱼品种之一，主要进口幼鱼。身体呈黑、白、橙三色，在明亮的水族箱的映衬下显得格外美丽。易捕食鱼饵，易饲养。●全长：100cm ●栖息地：印度洋、太平洋

四线拉隆鱼
Larabicus quadrilineatus

身体底色呈黑色，有两条纵纹贯穿全身，属于红海产的普提鱼。会不停地在水族箱内来回游动。对鱼饵没有偏好，什么都吃，非常容易饲养。●全长：12cm ●栖息地：红海

黄尾双臀刺隆头鱼
Diproctacanthus xanthurus

成鱼主要以珊瑚礁的触手为食，所以不易捕食鱼饵，要尽量选择较小的个体饲养。●全长：8cm ●栖息地：太平洋西部

金带锦鱼
Thalassoma hebraicum

普提鱼的一种，鳃盖后方有一条十分明显的金色横纹。如果成鱼的身体状态良好，这条金色的条纹会闪着金子般的光芒。●全长：20cm ●栖息地：西印度洋

裂唇鱼
Labroides dimidiatus

会频繁地给其他鱼清洁身体，运动量较大，因此如果不保证每天喂3次食，就很容易因为营养不足瘦下来。●全长：10cm ●栖息地：印度洋，太平洋中、西部

食虫裂唇鱼
Labroides phthirophagus

栖息在夏威夷群岛周边海域的固有品种。夏威夷版的裂唇鱼，非常漂亮，价格高昂。●全长：10cm ●栖息地：夏威夷群岛

卡氏副唇鱼
Paracheilinus carpenteri

后背背鳍的棘条很长，体型很帅的普提鱼。在珊瑚造景的水族箱内饲养的品种，十分受欢迎，但进口数量不多。●全长：8cm ●栖息地：太平洋西部

墨西哥海猪鱼
Thalassoma lucassanum

因其体色丰富而又被称为彩虹鱼。对水质比较敏感，一旦水质恶化就会立刻精神萎靡，需要定期换水。体色鲜艳，人气很高，但进口数量并不多。●全长：15cm ●栖息地：太平洋东部

黄尾阿南鱼
Anampses meleagrides

上图为雌鱼的小鱼，雄鱼的体色会更黑。属于美丽的普提品种，人气很高，虽然时常有从印度尼西亚等地进口，但是数量都不多，并不容易购买。●全长：20cm ●栖息地：印度洋、太平洋西部

高体盔鱼
Pteragogus flagellifer

在普提鱼中属于体型较高的品种。在日本的沿岸经常能够钓到雌鱼，很少从商业途径进口。●全长：20cm ●栖息地：印度洋、太平洋西部

乔氏丝隆头鱼
Cirrhilabrus jordani

每个鱼鳍都很大，体色鲜艳，因此人气很高。全身的整体印象给人感觉十分温柔。易食饵，即使是干燥饵也能轻松食用。●全长：10cm ●栖息地：夏威夷群岛

月尾副唇鱼
Paracheilinus filamentosus

背鳍的一部分有几条好像是起装饰作用的棘条长长地伸出来。同种之间喜欢激烈争斗，它们在亢奋状态下反而会变得十分美丽。●全长：9cm ●栖息地：太平洋西部（菲律宾以南）

卢氏丝隆头鱼
Cirrhilabrus lubbocki

乍看之下是与金黄鲷很像的美型鱼，但实际上是淡带丝隆头鱼的一种。经常进口。●全长：8cm ●栖息地：菲律宾、印度尼西亚

背斑盔鱼
Coris dorsomacula
白色的身体上有一条粗粗的橙色线条，给人以清爽的感觉。这样的配色在海水鱼水族箱里十分醒目。●全长：20cm ●栖息地：太平洋西部

绿鳍海猪鱼
Halichoeres chloropterus
普提鱼中最受欢迎的品种。全身呈明亮的黄色，数条同时在水族箱内群游时，给人的感觉十分热闹。身体结实易饲养。●全长：12cm ●栖息地：太平洋西部

黄身海猪鱼
Halichoeres chrysus
体型呈明黄色，在水族箱内十分醒目，属于小型普提鱼。以前本品种被当做是绿鳍海猪鱼的亚种，虽然二者很相似，但是本品种腹部为白色，很容易区分。●全长：12cm ●栖息地：太平洋西部

费氏盔鱼
Coris frerei
印度洋露珠盔鱼的近似品种。幼鱼和露珠盔鱼的幼鱼很像，本品种身体周围略呈黑色，易区分。●全长：50cm ●栖息地：西印度洋

露珠盔鱼
Coris gaimard
一种最受欢迎的普提鱼。海水鱼商店里只有幼鱼出售。喜欢潜伏在沙子中，因此需要在箱底铺上一层厚厚的沙子。●全长：40cm ●栖息地：太平洋西部

金头阿南鱼
Anampses chrysocephalus
上图为雄鱼的成鱼，雌鱼底色为黑色，上面散落着很多细小的白点，对食物很挑剔，寿命较短。推荐饲养幼鱼。●全长：17cm ●栖息地：夏威夷群岛

黄白海猪鱼
Halichoeres leucoxanthus
普提鱼的一种，拥有一种厚重的美感。黄、白、紫、黑的渐变颜色十分美丽。但是由于栖息地较远，因此进口数量非常少，不易购买。●全长：13cm ●栖息地：印度洋

包氏鹦嘴鱼

Scarus bowersi

鹦嘴鱼的一种。配色极其鲜艳，在大型水族箱内混养时能够提升水族箱的奢华印象。易捕食鱼饵。●全长：30cm ●栖息地：太平洋西部

双带锦鱼

Thalassoma bifasciatum

体色鲜艳，非常有趣，大西洋产的普提鱼之一。善于游泳，喜欢在水族箱内来回游动，让人百看不厌。易饲养。●全长：15cm ●栖息地：大西洋

圃海海猪鱼

Halichoeres hortulanus

它的幼鱼体色呈海水鱼中少有的荧光绿色，十分美丽。随着逐渐长大，这种颜色也就慢慢消失了。●全长：20cm ●栖息地：印度洋，太平洋西部

桔点拟凿牙鱼 幼鱼

Pseudodax moluccanus

桔点拟凿牙鱼的幼鱼，配色优美，因此大有人气。但是随着逐渐长大，体色也开始慢慢消失。●全长：25cm ●栖息地：印度洋，太平洋中、西部

蓝侧丝隆头鱼

Cirrhilabrus cyanopleura

淡带丝隆头鱼的一种，它的配色很吸引人。既不过于鲜艳也不过于朴素，有一种无法用言语形容的美。●全长：15cm ●栖息地：太平洋西部

伸口鱼

Epibulus insidiator

嘴部较大的食肉性普提鱼。在大海中以小鱼和虾米为食。身体十分结实，易饲养，长寿的鱼种。●全长：35cm ●栖息地：印度洋，太平洋西部

青鲸鹦嘴鱼

Cetoscarus bicolor

青鲸鹦嘴鱼的幼鱼，不知道是什么地方给人留下独特的印象，因此人气很高。发育成成鱼后就会有很强的存在感。●全长：70cm ●栖息地：印度洋、太平洋

驼背鲈

Cromileptes altivelis

大型石斑鱼的一种。全身均匀地散布着黑色的圆点斑纹，十分美丽。食量很大，因此喂食鱼饵的时候最好控制一点，否则就会变得体积庞大，不适合在水族箱内饲养。身体非常结实，推荐海水鱼饲养初学者饲养。另外，这种鱼也是知名的中华料理的高级食材。●全长：60cm ●栖息地：印度洋、太平洋西部

白边侧牙鲈

Variola albimarginata

尾鳍后端呈白色，身体结实易饲养，属于石斑鱼的一种。很容易捕食鱼饵，如果喂食过量的鱼饵容易导致水质恶化，需要加以注意。●全长：60cm ●栖息地：印度洋、太平洋西部

珊瑚石斑鱼

Cephalopholis miniata

中型石斑鱼中最美的一种，人气很高。喜欢吃动物性的鱼饵，不挑食，成长速度很快，容易罹患白点病。●全长：35cm ●栖息地：印度洋、太平洋西部

鞍带石斑鱼

Epinephelus lanceolatus

生活在水深3m左右的石斑鱼。食量很大，可以一口吞下体型相当于自己全长1/3的鱼。●全长：250cm ●栖息地：印度洋、太平洋西部

红长鲈

Liopropoma rubre

在珊瑚造景的水族箱内十分受欢迎的一种海水鱼。适应了水族箱内的环境后，经常会在岩石间看到它的身影，有时候也会在水族箱内悠然地游泳。只要是动物性的鱼饵什么都吃。●全长：8cm ●栖息地：佛罗里达南部、委内瑞拉

条斑鳞鲐

Epinephelus dermatolepis

幼鱼如上图，身体有黑色和白色斑纹图案。十分优美，但是很遗憾，长大以后就会逐渐变成褐色。●全长：100cm ●栖息地：太平洋东部

蓝色哈姆雷特

Hypoplectrus gemma

全身闪烁着金属蓝色的光芒，是哈姆雷特鱼的一种。进口数量较多，入手容易。●全长：10cm ●栖息地:佛罗里达、巴哈马、加勒比海

杂点低纹鲐

Hypoplectrus guttavarius

是有名的大肚汉，只要见到小鱼小虾就会立刻把对方吃掉。身体结实易饲养。●全长：10cm ●栖息地：开曼群岛

花斑鱼

Srranus tigrinus

是一种体色并不十分显眼，但是花纹十分漂亮的小型石斑鱼。喜欢待在水族箱内某个固定的角落。●全长：10cm ●栖息地：大西洋

白点斑

Epinephelus caeruleopumctatus

幼鱼的身体散落着很小的白色斑点，十分美丽的石斑鱼。有时会从菲律宾进口幼鱼。身体结实，易饲养。●全长：60cm ●栖息地：印度洋、太平洋西部

萤点石斑鱼

Liopropoma mowbrayi

体型精悍，全身呈深橙色的美型鱼。嘴部张开后，可以把小虾一口吞食掉。喜欢生活在比较隐蔽的角落里。●全长：8cm ●栖息地：加勒比海

卡氏长鲈

Liopropoma carmabi

鲜艳的体色与花纹给人留下深刻印象的小型石斑鱼。属于价格高昂的鱼种，但是它的美丽总是让人忍不住出手购买。并不是体质非常赢弱的鱼种，喜欢在隐蔽的地方做好几个家，在珊瑚造景的水族箱内饲养，可以延长寿命。但是，如果它和它抢食的对手过于强大，那么它就有可能抢不到食物，要加以注意。●全长：6cm ●栖息地：小安的列斯群岛

强长鲈

Liopropoma eukrines

美丽的体型加上明亮的体色，属于十分受欢迎的小型石斑鱼。身体结实易饲养，但是有些胆小，喜欢在隐蔽的地方做很多个家。●全长：12cm ●栖息地：佛罗里达东部、吉斯

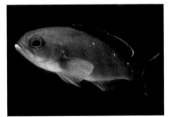

斑副花鮨

Paranthias furcifer

属于栖息地加勒比海非常常见的品种，但是进口数量很少。属于石斑鱼的一种，最好喂食一些细小的鱼饵。●全长：35cm ●栖息地：大西洋

角纹鮨

Gonioplectrus hispanus

生活在水深70m以下的海域。鱼如其名，它的体色就像一条多彩的旗帜一样，属于相当珍贵的品种，几乎没有进口。●全长：20cm ●栖息地：加勒比海

美丽低纹鮨

Hypoplectrus puella

体色明快，蓝色闪光的眼睛给人留下很深的印象。与其他鮨类相比进口数量少很多。●全长：10cm ●栖息地：佛罗里达、加勒比海

林氏线鮨

Gramma linki

体色朴素，身体结实，易饲养的小型石斑鱼。如果身体状态好，头部鳃盖部分的黄色花纹就会变得很明显。●全长：7cm ●栖息地：大安德列斯群岛

粉笔石斑

Srranus tortugarum

身体花纹优美的小型石斑鱼。这种石斑鱼有异常优美的体色。身体结实，不喜高水温。●全长：10cm ●栖息地：佛罗里达、巴哈马

线鮨
Gramma loreto

加勒比海极具代表性的美丽小型鱼。体色优美。同种之间容易争斗，除非是雌雄一对，否则一个水族箱内只能饲养一条。身体结实易饲养。这种鱼也适合在无脊椎动物造景的水族箱内饲养。●全长：8cm ●栖息地：加勒比海

线鮨（巴西产）
Gramma loreto

巴西产的线鮨。头部的花纹稍微有一些差异，但是醒目程度毫不逊色。饲养方法也没有差别。●全长：8cm ●栖息地：太平洋西部

斯氏长鲈
Lipropoma swalesi

身体布满了纵纹,十分美丽。有两个眼状斑点，给人留下深刻印象。此种鱼的警戒心很强，因此会在隐蔽的地方做很多个家。●全长：7cm ●栖息地：印度尼西亚、新不列颠岛（巴布亚新几内亚）

多线长鲈
Liopropoma multilineatum

身体布满了很多细小的竖纹，属于小型石斑鱼的一种。嘴部较大，可以将小鱼一口吃掉。偶有进口。●全长：7cm ●栖息地：太平洋西部

条纹粗眼鮨
Trachinops taeniatus

蓝线鮨的一种，是一种十分纤细的美丽小型鱼。如果适应了也可以吃干燥鱼饵，易饲养。●全长：8cm ●栖息地：澳大利亚南部

黑顶线鮨
Gramma melacara

栖息在水深20～50m的海域。是十分受欢迎的在珊瑚造景的水族箱内饲养的品种。进口数量少，价格高昂。易饲养。●全长：9cm ●栖息地：加勒比海

黄燕尾鮨
Assessor fravissimus

体色呈黄色，十分可爱。对鱼饵不挑剔，易饲养，体积较小，因此适合在珊瑚造景的水族箱内饲养。●全长：5cm ●栖息地：大堡礁北部

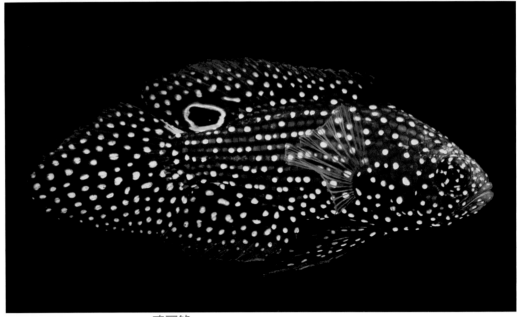

瑰丽鮗

Liopropoma carmabi

它的魅力在于巨大的鱼鳍与撒满全身的蓝色斑点。在水族箱内鱼鳍全部打开悠然自得地游泳的样子极具观赏性。但是它很喜欢张大嘴捕食小鱼。●全长：15cm ●栖息地：印度洋、太平洋西部

弗氏拟雀鲷

Pseudochromis fridmani

全身呈红色，属于弗氏拟雀鲷的一种。红棕拟雀鲷的红海品种。在珊瑚造景的映衬下格外美丽，因此人气极高。●全长：7cm ●栖息地：红海

红棕拟雀鲷

Pseudochromis porphyreus

几乎全身呈红色的美丽小型鱼。十分受欢迎，因此可以随时随地买到。对自己地盘的领属意识很强，同种之间会发生激烈争斗。●全长：6cm ●栖息地：太平洋西部

马来亚拟雀鲷

Pseudochromis diadema

草莓鱼（弗氏拟雀鲷的一种）的极具代表性的受欢迎的品种。身体结实易饲养，对鱼饵并不挑剔，易捕食鱼饵。●全长：6cm ●栖息地：太平洋西部

蓝副鮗

Paraplesiops meleagris

拥有巨大的鱼鳍和嘴巴的食鱼性海水鱼。极具魅力的品种，但是进口数量稀少，仅从澳大利亚进口。●全长：40cm ●栖息地：澳大利亚西南部

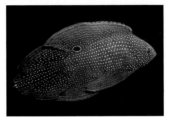

阿格斯彗星

Calloplesiops argus

与瑰丽鮗近似的品种，这种鱼是以棕色为基调，给人感觉色彩明快许多。进口数量极其稀少。●全长：15cm ●栖息地：太平洋西部（菲律宾）

闪光拟雀鲷

Pseudochromis splendens

很有特点的草莓鱼，独特的体色以及较高体型给人留下很深的印象。进口数量相当少，不易购买。●全长：7cm ●栖息地：红海、亚丁湾

棕拟雀鲷

Pseudochromis fuscus

身体结实易饲养，但是性格暴躁，属于中型草莓鱼。混养时需要慎重选择搭配鱼种。●全长：6cm ●栖息地：太平洋西部、印度洋东部

驼雀鲷

Cypho purpurascens

全身呈薰衣草颜色的美丽小型鱼。背鳍有一个较小的眼状黑斑，给人留下很深的印象。●全长：7cm ●栖息地：大堡礁、阿德默勒尔蒂群岛

斯氏拟雀鲷

Pseudochromis springeri

身体呈黑色，但是头部和各个鱼鳍的边缘呈蓝色的美丽小型鱼。蓝色的部分面积不大，但是由于全身体色是黑色，所以显得十分醒目。是最适合在珊瑚造景的水族箱内精心饲养的品种。对鱼饵不挑剔，什么都吃，易饲养。●全长：6cm ●栖息地：红海

黄紫拟雀鲷

Pseudochromis paccagnellae

身体被红色和黄色区分为两个部分，美丽小型鱼的代表品种之一。同种或近种之间容易因为争夺地盘发生激烈争斗。●全长：7cm ●栖息地：太平洋西部、印度洋东部

澳大利亚准雀鲷

Ogilbyina novaehollandiae

鱼如其名，身体的颜色十分丰富。属于草莓鱼的一种。体色优美，人气很高，但并不是经常进口。●全长：10cm ●栖息地：澳大利亚东部

达氏拟雀鲷

Pseudochromis dutoiti

体色鲜艳的草莓鱼。深受海水鱼爱好者的喜爱与关注，但是进口并不稳定。●全长：9cm ●栖息地：印度洋西部、亚丁湾

黄顶拟雀鲷

Pseudochromis flavivertex

身体的蓝色与黄色形成了鲜明的对比，是十分有魅力的草莓鱼品种。这条鱼的鲜艳体色在有些灰暗的水族箱内格外醒目。但是如果身体状况不好，体色就会变淡，因此需要注意。●全长：13cm ●栖息地：印度尼西亚周围海域

黄尾拟花鮨

Pseudanthias evansi

漂亮的粉色和黄色的搭配给人很优雅的印象，人气很高。喜欢群游，因此最好同时饲养5～10条。●全长：8cm ●栖息地：印度洋

侧带拟花鮨

Pseudanthias pleurotaenia

体侧有淡紫红色的大块色斑。进口的这种鱼大多属于较大的个体。购买时需要注意的是，不要选择那些采集时由于压力减小而受到损伤的个体，如果选择了状态不好的个体，无论水族箱的环境多么好，也很难让它们恢复原有的体质。另外这种鱼喜欢比较细小的鱼饵，因此在喂饵的时候需要特别注意，尽量喂一些细小的鱼饵。●全长：12cm ●栖息地：印度洋、太平洋西部

宽身须花鮨

Serranocirrhitus latus

体型较高，所以在水族箱内它的美丽与可爱非常地醒目。有些不易捕食鱼饵，因此最好花些时间精心饲养。●全长：10cm ●栖息地：太平洋西部

花鮨鱼
Basslet

花鮨鱼属于石斑鱼的一种。体色优美，正如它优美的外观一样，总给人一种柔弱的感觉，如果不能够同时饲养数条让它们群游，大多很难长寿。另外，它们对于水质也十分敏感，在清洁的饲养环境中比较容易维持生命，同时需要最起码在120cm左右的大型水族箱内饲养。另外，它因雌性会性别转换至雄鱼而闻名，所以最好的饲养比例是1条雄鱼配3～4条雌鱼，群养。

条纹拟花鮨（澳大利亚产）
Pseudanthias fasciatus
与进口的普通条纹拟花鮨不同，身体底色为鲜艳的橙色，属于地域性变异。左图的个体身体状态良好，充分体现了这一品种的魅力。●全长：14cm ●栖息地：澳大利亚

条纹拟花鮨
Pseudanthias fasciatus
花鮨的一种，体侧有一条粗粗的红线。这种鱼如果是群游则更能突出它的美感。●全长：14cm ●栖息地：印度洋、太平洋

日落宝石 雄鱼
Pseudanthias parvirostris
小型的美丽花鮨。性格相当温和，因此不要把它和其他花鮨混养，尽可能地只饲养单一品种。●全长：6cm ●栖息地：印度洋西部、所罗门、基里巴斯

日落宝石 雌鱼
Pseudanthias parvirostris
一般来说花鮨中的雄鱼都比雌鱼漂亮，主要是雌鱼的群体色大多不是很鲜艳。●全长：6cm ●栖息地：印度洋西部、所罗门、基里巴斯

绣色拟花鮨
Pseudanthias pictilis
体色相当鲜艳的花鮨鱼。人气很高，但是进口数量少。根据栖息地不同，不喜高水温环境。●全长：14cm ●栖息地：澳大利亚东南部

紫红拟花鮨
Pseudanthias pascalus
流线型的体型外加简洁艳丽的体色，十分美丽的花鮨。特点是嘴部稍微有些突出。这样的海水鱼最适合在珊瑚造景的水族箱内群养，可以演绎出非常美丽的水中风景。●全长：13cm ●栖息地：太平洋西部

红腰花鲈
Pseudanthias rubrizonatus
体侧有一个红色斑纹，有一种简洁的美。属于给人印象相当深刻的花鮨鱼。经常定期从马尼拉进口。●全长：10cm ●栖息地：太平洋中、西部

罗氏拟花鮨
Pseudanthias lori
体型精悍的花鮨鱼。其特点是在身体背部的后半段有数条斑纹。定期从马尼拉进口。因为此鱼有一些神经质，所以饲养的时候，最好只和同种鱼一同饲养。●全长：8cm ●栖息地：太平洋西部

刺盖拟花鮨
Pseudanthias dispar
背鳍散发着红色，给人印象十分深刻的花鮨鱼。单独饲养容易变得怯懦，最好群养。●全长：10cm ●栖息地：太平洋中、西部

圣诞花鮨
Pseudanthias olivaceus
作为花鮨鱼来说，它的美在于它稍微有一些奇怪的体色。性格温和，容易受其他鱼的欺负，需要加以注意。●全长：10cm ●栖息地：圣诞岛

香拟花鮨
Pseudanthias bartlettorum
经常进口的一种花鮨鱼。身体结实易食鱼饵。粉色到黄色的渐变体色确实是相当迷人。●全长：6cm ●栖息地：太平洋西部

红海花鮨
Pseudanthias taeniatus
红海的花鮨鱼，体侧宽宽的竖纹给人留下深刻的印象。身体比较结实易饲养。●全长：6cm ●栖息地：红海

珠斑鮨
Sacura margaritacea
日本特有的美丽花鮨鱼。流通数量很多，有很多人采集后拿来出售。●全长：14cm ●栖息地：日本本州岛沿岸的温带海域

凯氏棘花鮨
Plectranthias kelloggin azumanus
亚深海性花鮨鱼，它游泳的姿态更像是口鱼，属于很少见的品种。在日本采集到的也很少用于流通。●全长：10cm ●栖息地：日本本州岛沿岸

伦氏拟花鮨
Pseudanthias randalli
在水族箱内十分活跃的花鮨鱼。购买到身体状态好的个体，它的体色就会成这样的美丽的颜色。●全长：8cm ●栖息地：太平洋西部

双色拟花鮨
Pseudanthias bicolor
体侧被橙色和粉色分为两个部分，因此而得名。进口数量少，是身体比较结实易饲养的品种。●全长：10cm ●栖息地：印度洋、太平洋

大腹拟花鮨
Pseudanthias ventralis ventralis
别名彩虹仙子。购买时需要注意它们是不是罹患了减压症、是不是能够正常地游泳。●全长：7cm ●栖息地：密克罗尼西亚、小笠原群岛

静拟花鮨
Pseudanthias tuka
尖尖的嘴部给人感觉十分精悍。身体没有复杂的花纹，明快的紫红色体色在水族箱内十分醒目。●全长：10cm ●栖息地：太平洋西部

双斑拟花鮨
Pseudanthias bimaculatus
体色华丽。要想保持这样良好的体色，必须保持水质清洁。●全长：12cm ●栖息地：印度洋中部、东部

火焰花鮨
Pseudanthias carbery
体型优雅的美型鱼。尾鳍上下部分稍微延长出来，演绎出了美丽的曲线。群游时更加美丽。●全长：10cm ●栖息地：印度洋

香拟花鮨鱼群

雄鱼

雌鱼

金鱼花鮨鱼

Pseudanthias squamipinni

长长的鱼鳍呈红色，它的名字总是容易让人联想到金鱼。喜群游，建议成群饲养。成群饲养比单独饲养时更容易捕食鱼饵。●全长：12cm ●栖息地：印度洋、太平洋西部

锯鳃拟花鮨

Pseudanthias cooperi

体型较高，在水族箱里很明显的花鮨鱼种。幼鱼~小鱼时期体侧都会有一条醒目的红色横纹。易捕食鱼饵。●全长：12cm ●栖息地：印度洋、太平洋

环纹圆天竺鲷
Sphaeramia orbicularis
身体的花纹简单朴素，给人一种独特的美感。它优美的体型都能够弥补体色的不足。●全长：6cm ●栖息地：印度洋、太平洋西部

锯颊天竺鲷
Apogon quadrisquamatus
身体娇小，全身呈红色，在水族箱内十分醒目。是非常容易饲养的品种。●全长：10cm ●栖息地：加勒比海

丝鳍高身天竺鲷
Sphaeramia nematoptera
性格极其温和的品种。从不主动攻击其他鱼种，同种之间也很少发生争斗，因此只适合与性格温和的鱼种混养。另外，对无脊椎动物也没有伤害，所以最适合在珊瑚造景的水族箱内饲养。易捕食鱼饵，什么都吃。●全长：8cm ●栖息地：印度洋、太平洋西部

黄带天竺鲷
Apogon properuptus
体色优美十分受欢迎的天竺鲷。什么都吃，身体结实易饲养。无论是与同种还是其他鱼种都能够和谐相处。口孵鱼。●全长：6cm ●栖息地：太平洋西部

裂带天竺鲷
Apogon compressus
大大的眼睛呈深深的蓝色。它之所以眼睛比较大，主要是和它喜欢夜行的习性有关。●全长：12cm ●栖息地：太平洋西部

考氏鳍竺鲷
Pterapogon kauderni
本品种的雄鱼会把鱼卵保护在口中进行孵化，属于口孵鱼。不仅如此，它们还是人们最早知道的会一直等到幼鱼长到一定长度时（大约1cm）才送到海洋里的鱼种（一般来讲都是孵化后就直接送到海洋里）。饲养方法与丝鳍高身天竺鲷同样简单，如果饲养状态好，还可以帮助它们进行繁殖。●全长：8cm ●栖息地：印度尼西亚周边海域

群游中的考氏鳍竺鲷，其中一条正在打哈欠。

蓝点后颌鱼
Opistognathus rosenblatti

身着华丽外衣的后颌鱼的人气品种。全身基本上布满了鲜艳的蓝色斑点，属于华丽的小型鱼。进口数量极其稀少。本种十分敏感，喜欢在岩石根部的沙砾中挖掘巢穴（隐蔽场所），因此最好在水族箱底部放几个珊瑚岩石，选用较大块的珊瑚沙和较细的珊瑚沙按照1：1的比例在水族箱底铺设8～10cm厚。这样它就可以立刻选好巢穴（如果饲养一对，还会在这里产卵），这样有助于它们保持精神状态的稳定，也容易捕食鱼饵。喜欢冷冻的丰年虫之类的生饵。●全长：10cm ●栖息地：太平洋东部

鲹鱼、天竺鲷和鳚鱼
Basilewsky Apogon and Gunnel

后颌鱼的一种
Opistognathus sp.

背鳍上有较大的眼状黑斑。据说这样的花纹能够起到保护作用。●全长：15cm ●栖息地：墨西哥湾

灰色后颌鱼
Opistognathus whitehursti

有一张非常大的嘴。喜欢一口吞噬掉小鱼。需要加以注意。●全长：10cm ●栖息地：南佛罗里达、巴哈马、加勒比海

大帆鸳鸯
Opistognathus aurifrons

十分受欢迎的品种，但是进口数量并不多。喜欢自己在水族箱底部挖掘巢穴，身体总是保持向上扬起观察周遭环境的姿势。属于口孵品种，因此不知什么时候口中就会已经有卵在孵化，事先准备好幼鱼的初期鱼饵，就能够帮助幼鱼成长。●全长：10cm ●栖息地：大西洋

从巢穴内向外张望周遭
环境的大帆鸳鸯。

大帆鸳鸯平时都是保持上图这样
的直立的姿势，以等待着鱼饵漂
到自己的面前，一旦感受到危险
就立刻逃回巢穴里。

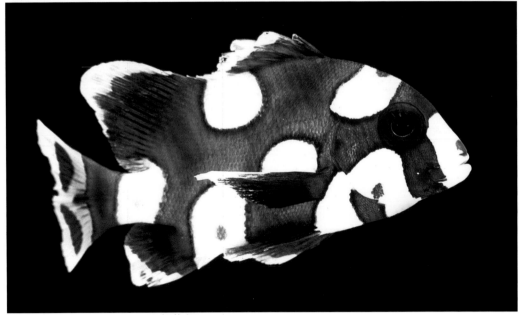

斑胡椒鲷
Plectorhinchus chaetodontoides

幼鱼身体上会有很美丽的花纹，游泳时身体左摇右摆的姿态也是它们受欢迎的原因之一。易饲养，发育快。喜欢动物性鱼饵。●全长：60cm ●栖息地：印度洋、太平洋西部

川纹笛鲷
Lutjanus sebae

身体结实易饲养，大肚汉。要想顺利饲养就得不停地喂食，然后它就会不断地发育，到最后会发现水族箱内已经放不下它了。●全长：80cm ●栖息地：印度洋、太平洋

蓝黄梅鲷
Caesio teres

虽然是食用鱼，但是因为体色优美，有时也被当做观赏鱼进口。易捕食鱼饵，生性活泼，喜欢游泳，因此需要在较大型的水族箱内饲养。●全长：30cm ●栖息地：印度洋、太平洋西部

六带鲹
Caranx sexfasciatus

主要是作为食用鱼。作为观赏鱼流通的数量很少，属于极个别现象。●全长：60cm ●栖息地：南日本海、印度洋、太平洋、太平洋东部的热带海域。

墨西哥月鲹
Selene brevoortii

身体的花纹体色与面部一致，非常珍稀的品种。鲹的一种。因为游泳时总是喜欢向下看而得名。●全长：60cm以上 ●栖息地：南日本海～印度洋、太平洋、太平洋东部的热带海域

美国立皇
Anisotremus virginicus

进口的幼鱼十分可爱，身体结实，发育迅速，很快就会长得很大的鱼种。没有什么耐性，很容易养腻一种鱼的爱好者最好不要选择它。●全长：40cm ●栖息地：大西洋

长须副绯鲤
Parupeneus multifasciatus

名字比鱼更有趣的品种。由其长长的胡须而得名，十分贴切。●全长：25cm ●栖息地：印度洋、太平洋

帆鳍笛鲷

Symphorichthys spilurus

背鳍后端长长地伸了出去。属于笛鲷的一种。不仅仅是体态，它的色彩也十分优美。
什么都吃，易饲养，发育很快，是体积大运动量也大的大型鱼，因此最好在大型水族
箱内饲养。●全长：60cm ●栖息地：太平洋西部

黄鹂无齿鲹

Gnathanodon speciosus

是鲛鱼等大型鱼的试验鱼种。会长成很
大的大型鱼，如果准备了超大型的水族
箱就会很容易饲养。●全长：10cm
●栖息地：印度洋、太平洋西部

四带笛鲷

Lutjanus kasmira

经常在海洋中拍到它们集体游泳时的样
子。因其体型与颜色都十分优美，所以
总是成为拍摄对象。易饲养，需要在大
型水族箱内饲养。●全长：50cm ●栖
息地：印度洋、太平洋中部

斑点羽鳃笛鲷

Macolor macularis

体色有趣，体形优美的品种。但是随着
逐渐发育，体型与体色都会有所改变，
不及当初。●全长：50cm ●栖息地：
印度洋、太平洋西部

黑斑绯鲤

Upeneus tragula

偶尔进口，数量不多。这种鱼有大大
的鱼鳍，所以很受孩子们的欢迎。易
饲养。●全长：20cm ●栖息地：印度
洋、太平洋西部

隆背唇指口

Cheilodactylus gibbosus

属于唇指口属。因为其体型独特而受到
欢迎。夏季饲养时水温最好也保持在
25℃以下。●全长：30cm ●栖息地：
澳大利亚西南部

印度黄山羊鱼

Parupeneus barberinoides

非常漂亮的，有大大的胡须的海水鱼，
外观很有趣。身体被红、黄二色分为两
个部分，十分漂亮。身体结实易饲养。
●全长：30cm ●栖息地：印度洋，太
平洋中、西部

斑高鳍的幼鱼

斑高鳍
Equetus punctatus

幼鱼的背鳍明显伸出，近于直立，然后大角度弯向体后，而且尾鳍也长长地伸了出去。体色以黑白二色为主，与它独特的体型相结合，深受欢迎。只要一进货就会立刻卖光。但是这种鱼的进口数量比矛高鳍还少，它的背鳍就像船帆一样，在游泳的时候会随着水波摇摆，这也更提升了它的魅力。只有幼鱼才有长长的背鳍，完全发育成成鱼后身体就会变得高大，背鳍相对变矮，虽然成鱼的各个鱼鳍也给人感觉十分豪华，但是和幼鱼相比就会大大失色了。●全长：25cm ●栖息地：大西洋

斑高鳍的小鱼

矛高鳍
Equetus lanceolatus

背鳍较长近于直立，尾鳍也长长地伸出。因其体型独特而凝聚了很高人气，但是进口数量不多。●全长：25cm ●栖息地：大西洋

尖吻棘鳞鱼
Sargocentron spiniferum

完全的肉食类大型鱼，喜欢一口吞掉小鱼和甲壳类动物。因此很有吞噬水族箱内的鱼虾的可能，最好避免混养。●全长：40cm ●栖息地：印度洋、大西洋

月光鱼
Triodon sexfasciatum

栖息在澳大利亚西南部的细刺鱼属。体型几乎上下对称，十分有趣。●全长：30cm ●栖息地：澳大利亚西南部

锐高鳍
Equetus acuminatus

与上面两种鱼属于同一属种，但是背鳍并非像前两种那样明显地伸出。●全长：22cm ●栖息地：大西洋

马氏似弱棘鱼
Hoplolatilus marcosi

身体呈白色有光泽，有一条细细的红色竖纹贯穿全身。这里介绍的4种似弱棘鱼的色调都不同，十分有趣。●全长：12cm ●栖息地：太平洋西部

斯氏似弱棘鱼
Hoplolatilus starcki

体色金黄，头部呈鲜艳的蓝色。美丽温和，很少与同种之间发生争斗，适合群养。●全长：15cm ●栖息地：太平洋西部（主要在菲律宾）

紫似弱棘鱼
Hoplolatilus purpureus

全身呈美丽的紫色，性格与其他的同种一样，同种之间不争斗，适合群养。●全长：15cm ●栖息地：太平洋西部（主要在菲律宾）

奇氏似弱棘鱼
Hoplolatilus chlupatyi

也是似弱棘鱼的一种，但是可以瞬间改变体色。而且变化速度惊人。是同种间进口数量最少的品种。●全长：10cm ●栖息地：菲律宾

松球鱼
Monocentris japonicus

生活在深海，在黑暗的环境中身体会散发出淡淡的光，作为观赏鱼十分够格。●全长：10cm ●栖息地：印度洋、太平洋西部

滩涂琉球鳂
Plectrypops lima

珍稀鱼种，圆圆的身体配上圆圆的眼睛，头部像达摩佛祖一样向前突出，眼睛之间的距离很小。有着很娇媚的面庞。●全长：18cm ●栖息地：太平洋中部

条新东洋鳂
Neonpihon sammara

体型纤细，下颚略微向前突出，因此而得名。适合不太喜欢鲜艳颜色海水鱼的爱好者饲养。喜欢吃丰年虾。●全长：15cm ●栖息地：印度洋、太平洋

无备平鲉
Sabastes inermis

可以在满潮池等地采集到，在钓鱼爱好者中也很受欢迎。易饲养，适合初学者饲养。●全长：25cm ●栖息地：日本北海道以南

副鲻

Paracirrhites arcatus

长得就好像戴着一副眼镜一样。什么鱼饵都吃，所以易饲养。喜欢捕食小虾。

●全长：14cm ●栖息地：印度洋，太平洋中、西部

新鲻

Neocirrhites armatus

全身呈赤红色像火焰一般，属于鲻鱼的一种。在水族箱内不仅十分醒目，而且面部表情丰富，非常娇媚，作为混养水族箱内的品种，十分受欢迎。和普通的鱼相比不太擅长游泳，经常栖息在岩石上，用大大的眼睛逡巡着周围的动静。移动的时候就好像是跳跃在各个岩石之间的小石子。和饲养者熟悉后，会游到水面附近索取食物。●全长：9cm ●栖息地：太平洋中、西部

尖鳍金鲻

Cirrhichtys oxcephalus

与粒突箱鲀有些相似，但是本品种的斑纹显得更加鲜明，体色也更加亮丽。进口数量不多。●全长：5cm ●栖息地：太平洋、印度洋

条纹须鲻

Cirrhitops fasciatus

主要栖息在夏威夷的鲻鱼的一种。进口数量很少。饲养方法与其他鲻鱼相同。红色的斑纹十分美丽，但是性格比较暴躁。●全长：10cm ●栖息地：南日本海、夏威夷、毛里求斯

阿森松鲻

Amblycirrhitus carnshawi

生活在阿森松群岛的鲻鱼。稀有品种，毫不起眼，体色呈美丽的白色。易食鱼饵。●全长：6cm ●栖息地：阿森松群岛

长吻鲬

Oxycirrhites typus

鲬鱼中最受欢迎的品种。体型细长，与其他的鲬鱼不同，但是喜欢骑在岩石上观察周围环境这一点确实是鲬鱼的习性。●全长：13cm ●栖息地：印度洋、太平洋中西部

红点钝鲬

Amblycirrhitus pinos

栖息在加勒比海附近的数量众多的鲬鱼的一种。进口数量极其稀少。饲养方法与太平洋产鲬鱼相同，十分容易，什么都吃。●全长：9cm ●栖息地：大西洋

福氏副鲬

Paracirrhites forsteri

头部散落着红色的小斑点，背部呈红色，体色十分优美的鲬鱼。可以列为鲬鱼五大美型鱼之一。●全长：22cm ●栖息地：印度洋、太平洋

真丝金鲬

Cirrhitichthys falco

白色的身体上加入更纱花纹，十分美丽。人们经常从马尼拉进口本品种。易购买。●全长：6cm ●栖息地：太平洋西部（印度洋局部）

闪光鲬

Cirrhichtys sprendens

嘴部较尖，感觉很重的鲬鱼。体色与花纹都十分优美。但是进口渠道很不稳定，属于海外产的稀有品种，进口数量极少。●全长：15cm ●栖息地：豪勋爵岛

金鲬

Cirrhitus aureus

全身都呈美丽的橙色，在水族箱内显得格外鲜艳。在日本海沿岸十分常见。●全长：4cm ●栖息地：太平洋西部

花斑连鳍鮨
Synchiropus splendidus

嘴部较小，不停地寻找较细小的鱼饵。最好一天喂两次，否则容易变瘦，需要注意。要想让它健康长寿，最重要的是增加喂饵的次数，在水族箱内放置能够自然生产作为其鱼饵的细小微生物的活珊瑚，就能够取得很好的收效。在放置了珊瑚的水族箱内，它能够捕食到自然产生的各种细小的微生物，保持营养均衡。●全长：6cm ●栖息地：太平洋西部

花斑连鳍鮨（印度洋产）
Synchiropus splendidus

花斑连鳍鮨的印度洋品种。底色为橙色，配色十分有趣的品种。●全长：6cm ●栖息地：太平洋西部

花斑连鳍鮨（冲绳产）
Synchiropus splendidus

冲绳产的花斑连鳍鮨，上半部分的蓝色比菲律宾进口品种的深很多，给人完全不同的感觉，十分有趣。但是毫无疑问，二者都具有最华丽的外衣，是喜欢饲养华丽品种的爱好者的首选，无非是哪种更符合爱好者的品位而已。●全长：6cm ●栖息地：太平洋西部

眼斑连鳍鮨
Synchiropus ocellatus

眼斑连鳍鮨的成鱼。它觅饵的行为与花斑连鳍鮨十分相似，但是这种鱼的体色相当朴素。●全长：8cm ●栖息地：太平洋西部

眼斑连鳍鮨的幼鱼
Synchiropus ocellatus

虽然本品种的成鱼体色十分朴素，但是它的幼鱼截然不同，尤其是嘴部，就好像涂了口红一样呈赤红色，十分可爱。●全长：1.5cm ●栖息地：太平洋西部

指脚鮨
Dactylopus dactylopus

背鳍的第一条棘条十分发达，与其他鱼争斗时这个部位会向前倾斜，因此而得名。●全长：15cm ●栖息地：琉球群岛、太平洋西部

雄鱼

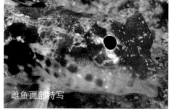

雌鱼面部特写

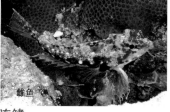

雌鱼

红斑连鳍
Synchiropus stellatus

一般统称为火麒麟。雄鱼的背鳍发达。图中雄鱼的背鳍完全打开，这样的场景难得一见，具有非常强的装饰性美感。●全长：6cm ●栖息地：印度洋、太平洋西部

眼斑连鳍鲻品种，喜欢停留在岩石表面，即使表面并不光滑，它们移动的时候也好像是在岩石表面滑行一般。看上去很像轻功高手。

绣鳍连鳍鲻
Synchiropus picturatus

看上去好像穿着绿青蛙的外衣一样，在水底游动时速度很慢，近似于爬行。珊瑚礁造景的水族箱内会自然生成红涡虫，十分碍事，绣鳍连鳍鲻天生以此为食，它的存在对于水族箱来说十分重要。●全长：6cm ●栖息地：菲律宾以南的太平洋西部海域

莫氏新连鳍雌鱼
Synchiropus morisons

雌鱼的背鳍不会长得很大，与雄鱼相比存在感弱了很多。●全长：6cm ●栖息地：印度洋、太平洋西部

两条绣鳍连鳍鲻。这种鱼同种之间喜欢相互争斗，如果水族箱足够大，可以同时饲养数条进行群游。但是雄鱼之间肯定会发生厮斗。

黑带稀棘鳚
Meiacanthus grammistes
一种体色优美的副鳚鱼。下颌上有两颗锋利的牙齿。凭借这两颗牙齿，它们能咬碎其他动物，要避免和其他鱼混养。●全长：7cm ●栖息地：太平洋西部

筛口双线鳚
Enneapterygius etheostomus
可以在安斌轻易采集到的筛口双线鳚的一种，在海水鱼店里没有出售，但是确实是值得收集的品种。●全长：6cm ●栖息地：日本各地岩石边

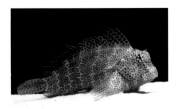

稀棘鳚
Meiacanthus atrodorsalis
被认为是稀棘鳚的亚种。全身的色彩呈醒目的明黄色，因此人气很高。●全长：10cm ●栖息地：太平洋西部

金鳍稀棘鳚
Meiacanthus atrodorsalis atrodorsalis
善泳型的鳚鱼。会一直在水中不停地游来游去捕食浮游动物。什么都吃，不挑食。●全长：10cm ●栖息地：太平洋中、西部（斐济群岛周围）

短多须鳚
Exallias brevis
在自然条件下，栖息在非六珊瑚属和鹿角珊瑚，专门捕食珊瑚虫，因此是非常难饲养的鱼类。●全长：13cm ●栖息地：印度洋，太平洋中、西部

鳗鳚
Pholidichthys leucotaenia
单属单种的鱼。上图为幼鱼。易饲养，对鱼饵不挑剔，即使是人工鱼饵也可以吃。偶尔从菲律宾进口幼鱼。●全长：20cm ●栖息地：太平洋西部（菲律宾以南）

副鳚鱼
Parablennius yatabei
在岸边可以轻松采集到的鱼种。体色非常朴素。多少吃一些苔藓，但是扫除效果并不是很好。●全长：6cm ●栖息地：太平洋西部

云纹肩鳃鳚
Omobranchus loxozonus
与美肩鳃鳚十分近似的鱼种。在南日本的岩石地带的潮间带能采集到，可以夏季去采集。●全长：6cm ●栖息地：南日本海的礁石地带

穗肩鳚
Cirripectes variolosus
眼睛周围呈红色，进口数量稀少。移动时的姿态就像是从一块岩石跳到另一块岩石上一样。本来以藻类为主食，习惯了也可以食用干燥鱼饵。●全长：6cm ●栖息地：太平洋中部

额异齿鳚
Ecsenius frontalis
红海特产的异齿鳚。与双色异齿鳚相似，但本种的背鳍很大，身体呈圆形，是清除苔藓的好手。●全长：5cm ●栖息地：红海

双色异齿鳚
Ecsenius bicolor
全身分为两种颜色。在水族箱内会张开大嘴吃一些苔藓，但是效果并不显著。●全长：8cm ●栖息地：印度洋，太平洋中、西部

齿鳚的一种
Ecsenius sp.
种类不明，灰蓝色的身体上有黄色的背鳍，十分漂亮的品种。基本上没有进口。●全长：6cm ●栖息地：不明

条纹异齿鳚
Ecsenius lineatus
花纹简洁优美。全世界异齿鳚的种类很多，只有这一种可以作为收藏品饲养。●全长：12cm ●栖息地：太平洋中部

虎纹异齿鳚
Ecsenius tigris
异齿鳚鱼在世界上有数十种，但是本种是花纹最漂亮的品种之一。进口数量不多。●全长：4cm ●栖息地：大堡礁

血滴船长
Istablennius sp.
全身都有很大的红色斑点以及红色条纹。喜欢吃苔藓。偶尔会从斯里兰卡进口，数量较少。●全长：6cm ●栖息地：斯里兰卡

金黄鳚
Ecsenius midas
很会游泳的鱼。在大海里此鱼种成群生存，捕食随着洋流漂来的浮游生物，所以喂食时最好顺着水流送一些细小的鱼饵。●全长：12cm ●栖息地：印度洋，太平洋中、西部

美肩鳃鳚
Omobranchus elegans
日本很多的满潮池都会有这一品种。海水鱼商店很少见到，可以自行采集。肉食性，喜欢吃动物饵，易饲养。●全长：9cm ●栖息地：太平洋西部

岛鲇鱼
Salarias lucetuosus
与细纹凤鳚非常相似的异齿鳚鱼品种。这种鱼的体型更加纤细。颜色朴素，以苔藓为食。时常从菲律宾进口。●全长：12cm ●栖息地：太平洋西部

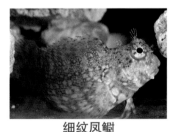

细纹凤鳚
Salarias fasciatus
因善于捕食苔藓而受欢迎。除了能把苔藓吃得一干二净，还是表情十分可爱的品种。●全长：5cm ●栖息地：印度洋、太平洋的珊瑚礁

眼点异齿鳚
Ecsenius stigmatura
尾鳍根部附近有一块大大的黑斑，十分优美。身体散发着茜色的光泽，非常美丽。进口数量稀少的品种，并不是很能吃苔藓。●全长：7cm ●栖息地：太平洋西部

半纹锯鳞虾虎
Priolepis semidoliata
头部有像刺青一样的花纹。因为体积很小，最适合在珊瑚造景的水族箱内饲养。●全长：4cm ●栖息地：印度洋、太平洋

蟹眼虾虎
Signigobius biocellatus
背鳍完全张开后，就会看到它的两个背鳍上各有一个黑色的眼妆斑纹。上图即为背鳍全张的样子，会让人忍不住想多看它几眼。●全长：6cm ●栖息地：太平洋西部（菲律宾以南）

虾虎鱼
Gobies

虾虎鱼大多是小型易饲养的品种，而且种类多得惊人。进口品种主要是栖息在热带海洋的虾虎鱼，经常会碰到第一次进口的珍稀品种，这也是饲养它的乐趣之一。

虾虎鱼种类繁多，大多是小型鱼，最适合在珊瑚造景的水族箱内饲养，那么您打算选择哪种呢？

赫氏线塘鳢
Nemateleotris helfrichi
进口数量非常少，难以购买。身体结实，并不难于饲养，适合在珊瑚造景的水族箱内游泳，希望能够得到精心饲养。●全长：7cm ●栖息地：太平洋中、西部

赫氏线塘鳢（粉头）
Nemateleotris helfrichi
赫氏线塘鳢的色彩变异品种。头部呈深粉色，因此叫它粉头，十分珍贵。●全长：7cm ●栖息地：太平洋中、西部

丝鳍线塘鳢
Nemateleotris magnifica
虾虎鱼的代表品种。兼具身材优美、结实、价格低廉这观赏鱼的三大优点。可以同时饲养5~6条。●全长：7cm ●栖息地：印度洋，太平洋中、西部

红斑节虾虎

Amblyeleotris wheeleri

身体上有数条色彩鲜艳的红色条纹，十分美丽。经常从印度尼西亚进口。一旦水质恶化立刻会影响身体状况，所以需要定期换水，注意保持水族箱内的水质清洁。●全长：8cm ●栖息地：印度洋，太平洋中、西部

华丽线塘鳢
Nemateleotris decora

比丝鳍线塘鳢略微高级一些的虾虎鱼。性格怯懦，最好在珊瑚造景的水族箱内精心饲养。对鱼饵并不挑剔。●全长：7cm ●栖息地：太平洋中、西部

丝尾鳍塘鳢
Ptereleotris hanae

体型苗条的虾虎鱼。尾鳍的一部分像长长的细丝一样延伸出去，有的时候会优雅地在水中摇曳。性格怯懦，喜欢躲在阴影处。●全长：15cm ●栖息地：太平洋海域

凹尾塘鳢
Fusigobius longispinus

身体具有很强的透明感，身上散落着黄色的细小斑点。性格温和稳重，稍显怯懦，喜欢给自己寻找隐蔽的场所。易捕食鱼饵。●全长：7cm ●栖息地：印度洋、太平洋西部

黑尾鳍塘鳢
Ptereleotris evides

尾鳍的形状几乎与背鳍一致，体型独特的虾虎鱼。易饲养，身体结实，推荐初学者饲养。●全长：12cm ●栖息地：印度洋，太平洋中、西部

蓝点虾虎
Cryptocentrus sp.

大大的头部和褐色的身体上都散落着淡蓝色的斑点，是虾虎鱼的一种。食欲旺盛，什么都吃。易饲养。●全长：18cm ●栖息地：菲律宾

蓝梳窄颅塘鳢
Oxymetopon cyanoctenosum

身体呈细长的彩虹形状，体型独特。额头部分有红色的圆点，是很好的装饰。●全长：20cm ●栖息地：菲律宾、印度尼西亚

斜带钝鲨
Amblyeleotris diagonalis
头部有像头带的细横纹，因此而得名。易饲养，性格温和。●全长：7cm ●栖息地：印度洋，太平洋中、西部

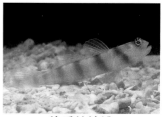

玻璃虾虎
Bryaninopus yongei
喜欢附着在棒状物体上生活。身体也如它的名字一样是透明的。喜欢捕食生饵，在水族箱内需要事先安放棒状的物体，以便于它附着在上面。●全长：3cm ●栖息地：红海、印度洋，太平洋中、西部

施氏钝塘鳢
Amblyeleotris steinitzi
白色细长的身体上有5条模糊的横纹，性格温和，只适合与性格相近的虾虎鱼混养。●全长：7cm ●栖息地：印度洋、太平洋

蛇首高鳍虾虎鱼
Pterogobius elapoides
生活在礁岩地带的潮间带，也可以在满潮池采集到。体色优美，是可以提升水族箱观赏性的常见鱼种。●全长：11cm ●栖息地：日本东北地区以南

蓝纹虾虎鱼
Valenciennea strigata
从很久以前就开始被人们饲养的海水鱼。如果喂饵的次数太少就会变瘦，最好灵活使用喂食计时器，时常记着给它喂饵。●全长：16cm ●栖息地：印度洋，太平洋中、西部

金点虾虎
Amblyeleotris guttata
白色的身体上散落着橙色和黄色的圆点。体色优美，人气很高，进口数量并不多。易饲养，易捕食鱼饵。●全长：8cm ●栖息地：太平洋西部

斑马鳍塘鳢
Ptereleotris zebra
体侧有多条横纹。上图个体的身体状态并不是很好，如果身体状态好，它身上的条纹就会变得十分醒目，效果完全不同。●全长：11cm ●栖息地：印度洋，太平洋中、西部

黑线虾虎
Valenciennea helsdingenii
白色的身体上有两条黑色的竖纹，看上去十分简洁，如果同时饲养数条，就会发现它们群游的场面具有很强的观赏性。●全长：16cm ●栖息地：印度洋、太平洋西部

白天线虾虎

Stonogobiops sp.

喜欢在水底挖一个洞穴，因其与铁炮虾有共生关系而闻名。体型十分优美，是特别受欢迎的品种。进口数量少，价格很高。●全长：5cm ●栖息地：太平洋西部

条纹虾虎

Stonogobiops xanthorhinica

白色的身体上有数条黑色的斜纹，头部前方呈黄色，属于共生性虾虎鱼的一种。体色优美人气很高。进口数量稀少。●全长：10cm ●栖息地：印度洋、太平洋西部

黑天线虾虎

Stonogobiops nematodes

与条纹虾虎十分相似的共生性虾虎鱼的一种。背鳍很长，有的时候背鳍就像旗子迎风招展一样，虽然体积小但是十分值得一看。●全长：8cm ●栖息地：印度洋、太平洋西部

新加坡丝虾虎鱼

Cryptocentrus singapurensis

主要从印度尼西亚进口。性格稍微暴躁，最好避免与同种或者近种混养。●全长：10cm ●栖息地：印度洋、太平洋西部

及帆鳍虾虎

Mahidolia mystacina

有两个大大的背鳍，花纹鲜明的第一背鳍会完全张开微前倾。易饲养。●全长：6.5cm ●栖息地：印度洋、太平洋西部

星塘鳢

Asterropteryx semipunctata

体型结实精悍，全身散落着蓝色的斑点。非攻击性虾虎鱼，最好与性格温和的鱼一同混养。●全长：4cm ●栖息地：红海、印度洋，太平洋中、西部

尾斑钝虾虎

Amblygobius phalaena

虾虎鱼中较大的品种，身体花纹复杂有趣。易食鱼饵，易饲养，对于水质恶化比较敏感。●全长：15cm ●栖息地：太平洋中、西部

蓝线鸳鸯

Lythrypnus dalli

美丽的小型鱼。身体优美，从很久以前就十分有名，人气很高。不适合生活在高水温的环境中，最好在水族箱内使用空调，保持常温在23℃左右饲养是最理想的状态。
●全长：4cm ●栖息地：加利福尼亚湾周边海域

点斑栉眼虾虎鱼

Ctenogobiops pomastictus

小型、性格温和的虾虎鱼。身体呈白色，有模糊的茶色圆点。对于水质恶化十分敏感，需要加以注意。●全长：7cm ●栖息地：印度洋，太平洋中、西部

橙点虾虎

Valenciennea puellaris

属于比较大的虾虎鱼，体侧有虚线状的橙色花纹，十分受欢迎。身体结实易饲养。●全长：17cm ●栖息地：印度洋、太平洋西部

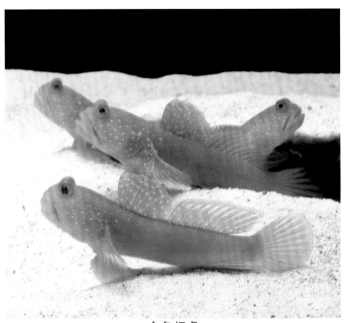

金色虾虎

Cryptocentrus cinctus

全身呈黄色，头部有蓝色的斑点。同种之间不怎么争斗，适合同种混养。易捕食鱼饵。●全长：8cm ●栖息地：太平洋西部（安达曼海）

丝鳍矶塘鳢
Eviota bifasciata

配色鲜艳的小型虾虎鱼。十分受欢迎，但是进口数量很少。难于捕食鱼饵，不能适应水质变化，最好充分过滤后再进行饲养。●全长：3cm ●栖息地：印度洋、太平洋局部

斑鳍植虾虎鱼
Fusigobius signipinnis

身体极具透明感，有很多细小的深色斑点，属小型虾虎鱼。对于水质变化比较敏感，最好充分过滤后在清洁的水环境内饲养。●全长：4cm ●栖息地：太平洋西部

云斑栉虾虎鱼
Yongeichthys criniger

身上花纹比较朴素。喜欢捕食活饵，习惯了也可以吃干燥鱼饵。对于水质恶化比较敏感，最好定期换水。●全长：10cm ●栖息地：太平洋西、南部

黑点虾虎鱼
Valenciennea wardi

身体上有非常独特的美丽花纹。进口数量较多，并不难以购买。身体结实、易饲养的入门品种。●全长：13cm ●栖息地：印度洋、太平洋西部

金属虾虎鱼
Amblyeleotris latifasciata

身上有连续重复的斑纹，纹路清晰。身体结实，易饲养。●全长：13cm ●栖息地：太平洋西部（菲律宾以南）

红斑琉璃虾虎鱼
Trimma sp.

它的美在不经意间闯入观赏者的视线，让人无法自拔。身材娇小，并不十分醒目，在珊瑚造景的水族箱内饲养，每每看到它的身影出现都会被它的美所感动。●全长：3cm ●栖息地：印度洋，太平洋中、西部

赫氏钝虾虎鱼
Amblygobius hectori

微微泛着红棕色的身体上有3条金色的纵纹平行贯穿全身。背鳍后方和尾鳍有较大的眼状斑点。●全长：5cm ●栖息地：印度洋、太平洋西部

红斑琉璃虾虎鱼的一种
Trimma sp.

白色的身体上有鲜艳的红色横纹，小型的美丽虾虎鱼。进口数量较少的稀有品种。●全长：3cm ●栖息地：印度洋、太平洋西部

红斑琉璃虾虎的一种
Trimma sp.

体色鲜艳的美丽小型鱼。真希望多多进口这样的美型鱼，但是可能是采集数量少，所以极少进口。●全长：3cm ●栖息地：太平洋中、西部

粉红尾虾虎鱼
Trimma caudomaculata

身体喜欢保持不断向上游泳的姿势，经常以面向水面的姿势出现在人前的小型虾虎鱼。体侧呈泛红的橙色，上有浅蓝色纵纹。适合群游。●全长：3cm ●栖息地：印度洋，太平洋中、西部

伪装虾虎
Coryphopterus personatus

脸上就好像戴有面具的小型虾虎鱼。经常进口，易捕食鱼饵。习惯了也可以食用干燥鱼饵。●全长：4cm ●栖息地：佛罗里达、加勒比海

长棘栉眼虾虎鱼
Ctenogobiops tangaroai

身体具有很强的透明感，背鳍很美，背鳍全部张开时最为优美。进口数量少。饲养时需要注意保持水质。●全长：7cm ●栖息地：印度洋，太平洋中、西部

希氏锯鳞虾虎鱼
Priolepls hipoliti

与半纹锯鳞虾虎十分相近的品种，身体精悍，体型可爱。放在较大的水族箱内饲养很快就找不到它的踪影。●全长：3cm ●栖息地：佛罗里达、加勒比海

黄舰虾虎鱼
Gobiosoma xanthiprora

体态优美，体型较小，在大型水族箱里饲养很快就不见了踪影。最好在60～90cm左右的水族箱内饲养。●全长：4cm ●栖息地：牙买加、加勒比海西部

凡氏虾虎鱼的一种
Vanderhorstia sp.

身体纤细，体色呈蓝白色，上有黄色的纵纹贯穿体侧。性格比较活泼，放在珊瑚造景的水族箱内饲养，可以仔细观察它觅饵时的样子。●全长：10cm ●栖息地：印度洋、太平洋西部

绿带虾虎鱼
Gobiosoma multifasciatum

花纹复杂有趣，体形优美，十分受欢迎，进口数量很少。价格高昂，并不是所有人都能饲养的品种。对于水质十分敏感，因此需要定期换水。●全长：3cm ●栖息地：加勒比海南部

黄体叶虾虎鱼
Gobiodon okinawae

全身呈鲜艳的黄色。性格并不十分活泼，平时喜欢待在岩石的坑洼处或者海藻的叶子上休息。进口数量多，较易购买。●全长：3cm ●栖息地：太平洋西部

红灯虾虎鱼

Eviota pellucida

腹部有白色花纹的美丽小型鱼。红色的身体上有两条金线的纵纹，是身体最好的装饰。●全长：3cm ●栖息地：太平洋西部

五线叶虾虎鱼

Gobiodon quinquestrigatus

体型十分可爱，体色呈红色，十分受欢迎的小型虾虎鱼。最适合在只有小型虾虎鱼生活的水族箱内饲养。进口数量少。●全长：3cm ●栖息地：太平洋中、西部

脂鳂塘鳢

Coryphopterus lipernes

体色呈黄色，头部呈蓝色，色彩稍微有些独特的小型虾虎鱼。适合在珊瑚造景的水族箱内饲养。●全长：5cm ●栖息地：加勒比海

毛里求斯镖形虾虎鱼

Ptereleotris grammicamela

大大的背鳍，身体纤细的镖形虾虎鱼。性格怯懦，最想给它营造一个较安静的生活环境。●全长：7cm ●栖息地：印度洋、太平洋西部

多孔美丽虾虎鱼

Tryssogobius sp.

身体呈白色，体色淡雅、体型纤细十分可爱的小型鱼。和身体相比眼睛显得过大，但是十分可爱。对水质十分敏感，最好保持水质清洁。●全长：3cm ●栖息地：太平洋西部

多孔美丽虾虎鱼的一种

Tryssogobius sp.

有一双大大的蓝眼睛，极具魅力的小型虾虎鱼的一种。体色呈白色，更能突出它蓝色的眼睛。进口数量少。●全长：3cm ●栖息地：太平洋西部

黑腹矶塘鳢

Eviota nigriventris

身体由鲜艳的体色分为两个部分，十分美丽的小型鱼。因为其魅力十足，总想把它加入到虾虎鱼的收集品种中来。●全长：3cm ●栖息地：太平洋西部

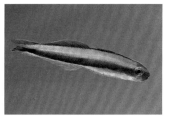

背斑舌塘鳢

Parioglossus raoi

身体纤细，优雅。体色朴素，花纹简洁，可能因此不是很受欢迎，进口数量较少。●全长：3.5cm ●栖息地：太平洋西部

蓝霓虹鸳鸯

Gobiosoma oceanops

小型虾虎鱼，身体呈金属蓝色。同种之间除非是一对否则会发生激烈的争斗。另外在水族箱内饲养后，容易罹患白点病。●全长：5cm ●栖息地：加勒比海

黑纹虾虎鱼

Priolepis nocturna

表情十分可爱的虾虎鱼。●全长：4cm ●栖息地：印度洋、太平洋

红线虾虎鱼

Amblygobius rainfordi

有一种深沉的美感的小型虾虎鱼。如果喂饵数量少则容易变瘦，最好1日之内数次喂饵，注意保持鱼饵的细碎程度。●全长：6cm ●栖息地：太平洋西部、大堡礁

墨西哥霓虹虾虎鱼

Elacantinus punticulatus

身体透明，头部呈鲜艳的红色，身体上有黑色的条纹，这一组合十分优美。但是进口数量极少，不易购买。●全长：4cm ●栖息地：加利福尼亚湾

白胸刺尾鱼
Acanthurus leucosternon
白胸刺尾鱼具有蓝色的身体、黄色的背鳍、白色的尾鳍、黑色的面孔,是色彩丰富的品种。在自然条件下,在海洋内成群游泳,但是在狭小的水族箱内同种之间容易发生激烈的争斗,一个水族箱内最好只饲养一条。●全长:20cm ●栖息地:印度洋

刺尾鱼、篮子鱼
Surgeon Fishes, Rabbit Fishes

只要是鱼都应该擅长游泳,这是没错的,但是如果说谁能够在水族箱内轻盈地翩翩起舞,恐怕也只有刺尾鱼了。仔细观察它们的泳姿就会发现,即使是同种鱼,通过它们在游泳时鱼鳍的使用方法以及躲避障碍物时的身姿也会分出泳技的高低。

刺尾鱼的泳姿曼妙,如果进行比喻,就好像是随风飞舞的花瓣一般流畅。它们游泳时总是顺着水势,并不逆流。

在水族箱内多多地饲养刺尾鱼就会营造出一种非常华丽的氛围,不仅仅是因为它们的体色鲜艳,它们优雅的泳姿更能装点出水族箱的奢华感。尤其是它们挥动着鱼鳍游泳时更是优雅动人。

黄三角吊
Zebrasoma flavescens
最受欢迎的多板盾尾鱼的品种。体色鲜艳,人气很高,是经常进口的品种。同种之间不怎么发生争斗,可以同时在大型水族箱内饲养数条。●全长:20cm ●栖息地:印度洋、太平洋

黄三角吊的白色变种
Zebrasoma flavescens
黄三角吊的白色变种，身体几乎全是白色，十分优美，观赏价值极高的珍稀品种，价格昂贵。●全长：20cm ●栖息地：印度洋、太平洋

紫色倒吊鱼
Zebrasoma xanthurus
全身呈鲜艳的紫色的美丽品种。但是非常遗憾比较容易褪色，进口后很难保证鲜艳的体色。但是，如果水族箱长时间受日光照射，则不易褪色。●全长：20cm ●栖息地：红海

高鳍刺尾鱼
Zebrasoma veliferum
各个鱼鳍张开时是最壮观的场景。要想欣赏它的魅力，最好准备比较高大的水族箱进行饲养。要注意喂饵，保持体型丰满。●全长：30cm ●栖息地：太平洋

高鳍刺尾鱼（印度洋产）
Zebrasoma veliferum var.
高鳍刺尾鱼的印度洋品种，鱼鳍的色彩有些不同。印度洋品种的花纹更加复杂浓艳。●全长：30cm ●栖息地：印度洋

小高鳍刺尾鱼
Zebrasoma scopas
全身呈鲜艳的黄色的刺尾鱼，是比较受欢迎的种类。身体结实，只要喂食植物饵，就能够顺利饲养。●全长：20cm ●栖息地：印度洋、太平洋

黑高鳍刺尾鱼
Zebrasoma rostratum
全身呈漆黑色。通身皆黑的鱼一直被认为在水族箱内并不十分醒目，但是实际上会很鲜明。●全长：25cm ●栖息地：太平洋中部

黑鳃刺尾鱼
Acanthurus pyoferus
幼鱼全身呈鲜艳的黄色，和蓝眼黄新娘神仙鱼有些相似。这是一种拟态还是有什么好处，暂时还不得而知。●全长：20cm ●栖息地：太平洋中、西部

黑背鼻鱼（太平洋产）
Naso lituratus
长着一张马脸，口部比较突出，给人的印象十分有趣。配色优美，体型较大，是十分受欢迎的人气品种。太平洋产的背鳍呈黑色。●全长：30cm ●栖息地：太平洋

黑背鼻鱼（印度洋产）
Naso lituratus
印度洋产的黑背鼻鱼，背鳍呈黄色和橙色。这两种鱼都很容易饿瘦，所以需要注意喂食。●全长：30cm ●栖息地：印度洋

小型天使鱼中的老虎新娘神仙（图左）和它的拟态鱼暗体刺尾鱼（图右），二者十分相像。

暗体刺尾鱼
Acanthurus tristis

小型天使鱼老虎新娘神仙的拟态鱼。但是究竟为什么要拟态，会有什么好处不得而知。●全长：20cm ●栖息地：印度洋

黄尾双臀刺隆头鱼
Prionurus punctatus

大型多板盾尾鱼之一，进口数量少。本品种在自然状态下只吃藻类，主要喂食植物饵就可以了。●全长：60cm ●栖息地：太平洋东部

日本刺尾鱼
Acanthurus japonicus

以前被当做是白面刺尾鱼的同种，但是本品种眼睛下方的白色部分一直延伸到嘴部，这是区分二者的关键因素。●全长：25cm ●栖息地：奄美大岛、西南群岛

白面刺尾鱼
Acanthurus nigricans

性格比较暴躁。同种之间喜欢相互争斗，因此混养时需要注意。●全长：25cm ●栖息地：印度洋、太平洋

心斑刺尾鱼
Acanthurus achilles

配色十分有个性，是非常受人欢迎的刺尾鱼。因为人气高，所以经常会有进口，性格有些粗暴。●全长：20cm ●栖息地：夏威夷群岛

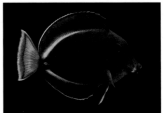

心斑刺尾鱼与白面刺尾鱼的杂交体
Acanthurus achilles × Acanthurus nigricans

可以采集到的自然环境下的杂交体。这两种鱼在自然环境下的杂交数量很多。●全长：20cm ●栖息地：夏威夷群岛

群游的拟刺尾鱼鱼群

斑点刺尾鱼
Acanthurus guttatus
身体后半部分散落着漂亮的白色细小斑点。偶尔有幼鱼进口。喜欢吃海藻，所以需要喂食植物饵。●全长：25cm ●栖息地：太平洋西部

夏威夷栉齿刺尾鱼
Ctenochaetus hawaiiensis
上图为其幼鱼，体色呈橙色，十分美丽，但是发育到成鱼就逐渐丧失了这种体色，变得朴素。●全长：25cm ●栖息地：太平洋中部

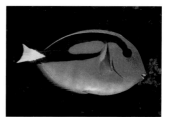

拟刺尾鱼
Paracanthurus hepatus
最受欢迎的美型刺尾鱼。同种之间没有什么争斗。最好同时饲养一些相同品种的同类鱼，让它们相互抢食更好。●全长：30cm ●栖息地：印度洋、太平洋

红海刺尾鱼
Acanthurus sohal

栖息在红海和阿拉伯的大型刺尾鱼。相貌堂堂，配色优美，人气很高。经常会发生激烈争斗，最好避免和同种或者近种混养。●全长：30cm ●栖息地：红海、阿拉伯湾

小带刺尾鱼
Acanthurus chirurgus

尾鳍呈鲜艳的蓝色，给人感觉有些朴素，可能是因为没有什么人气，所以进口数量很少。●全长：25cm ●栖息地：大西洋

蓝刺尾鱼
Acanthurus coeruleus

身体呈明快的蓝色，十分吸引人的刺尾鱼。同种之间很少有争斗，因此可以尝试混养。●全长：20cm ●栖息地：大西洋

单角鼻鱼
Naso unicornis

很受欢迎的刺尾鱼。体色并不鲜艳，但是给人的感觉十分可爱。深受爱好者的支持。●全长：60cm ●栖息地：印度洋、太平洋

梳齿刺尾鱼
Ctenochaetus strigosus

体色朴素，喜欢吃水族箱内的苔藓，因此而人气高涨。经常从夏威夷进口。●全长：18cm ●栖息地：印度洋、太平洋中、西部

印尼栉齿刺尾鱼
Ctenochaetus tominiensis

进口数量较少的刺尾鱼。尾鳍呈白色，背鳍和尾鳍的后部都是黄色，色彩对比十分优美。●全长：13cm ●栖息地：太平洋中、西部

蓝带篮子鱼
Siganus virgatus

头部有两条黑色的斜纹，后背呈黄色，是十分醒目的篮子鱼。也许是人气不是很高，所以进口数量少。●全长：25cm ●栖息地：印度洋、太平洋

Zanclus cornutus
面部很滑稽，体型有个性，体色优美，十分受欢迎。适合同时饲养5条以上，比较容易保持较好的状态。●全长：18cm ●栖息地：印度洋、太平洋

乌氏篮子鱼
Siganus uspi
进口数量较少的鱼种。棕色和黄色的搭配十分美丽。适合在混养水族箱内饲养的品种。●全长：20cm ●栖息地：太平洋中部

狐篮子鱼
Siganus vulpinus
嘴部突出，体色呈鲜艳的黄色。主要以海藻为食，喂食植物鱼饵的种类会直接影响到它的发育状态。●全长：20cm ●栖息地：太平洋西部

大篮子鱼
Siganus magnificus
珍稀的篮子鱼品种。属杂食性，什么都吃，多喂食一些植物性鱼饵，身体状态就会保持良好。干燥饵也最好选择只以植物饵为主的食物。●全长：25cm ●栖息地：印度洋东部

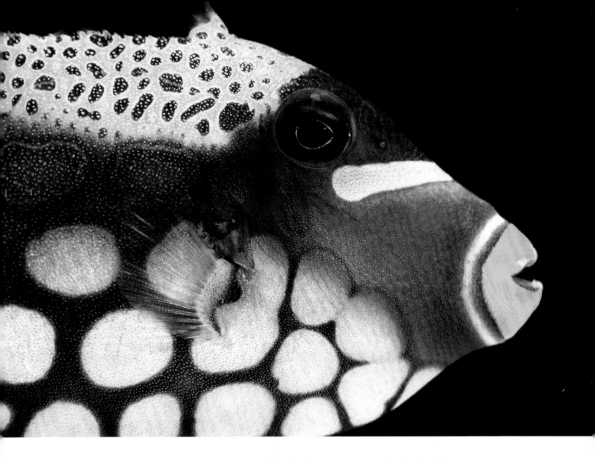

圆斑拟鳞鲀、细鳞鲀
Trigger Fishes,File Fishes

圆斑拟鳞鲀和细鳞鲀面部看上去憨态可掬，但是嘴中隐藏着非常强劲锋利的牙齿，是体色花纹都很独特的品种。它们锋利的牙齿可以咬碎螃蟹、贝类的外壳，然后若无其事地扬长而去。

没有人知道为什么饮食习惯如此粗暴的它们，要给自己穿上如此漂亮鲜艳的外衣，它们的魅力最好还是只留给海水鱼爱好者欣赏吧。

幼鱼

圆斑拟鳞鲀

Balistoides conspicillum

具有锋利的牙齿。被认为是同种中最美丽的品种，人气很高。成鱼性格粗暴，基本没有什么人想要，但是幼鱼很受欢迎。经常有5cm以下的幼鱼进口，因为它体色优美体态可爱，几乎所有的人都忍不住想要买它。另外，这种鱼的牙齿十分锋利，有啃噬其他鱼的鱼鳍的恶习，因此最好避免混养。●全长：50cm ●栖息地：印度洋、太平洋西部

尖吻鲀
Oxymonacanthus longirostris
有趣的体型、鲜艳的配色，都使它拥有很高的人气。相当漂亮的美型鱼，体积不大，价格合适。●全长：8cm ●栖息地：印度洋、太平洋西部

毒锉鳞鲀
Rhinecanthus verrucosus
易捕食鱼饵，体型较瘦。若希望保持较长的寿命，最好给它喂食动物性鱼饵，并保持喂饵时的营养均衡。●全长：22cm ●栖息地：印度洋、太平洋西部

叉斑锉鳞鲀
Rhinecanthus aculeatus
它有不逊于圆斑拟鳞鲀的独特花纹，美型鱼的一种。身体结实，很受欢迎，经常有幼鱼进口。●全长：25cm ●栖息地：印度洋，太平洋中、西部

黄鳍多棘鳞鲀
Sufflamen chrysopterus
黄与白两色构成的尾鳍，给人的印象十分深刻。进口数量不多。●全长：25cm ●栖息地：印度洋、太平洋西部

白点鲀鱼
Cantherines macroceros
黑色的身体上布满了模糊的白点，属于加勒比海产的美型鱼。只是从美国少量进口。杂食性动物，喂饵时需要注意保持动物饵和植物饵的平衡。●全长：30cm ●栖息地：佛罗里达、加勒比海周边海域

波纹钩鳞鲀
Balistapus undulatus
全身呈浅蓝色，布满橙色的斜纹。杂食性动物，最好注意保持动物饵和植物饵的均衡。性格相当凶悍，要尽量单独饲养。●全长：25cm ●栖息地：印度洋、太平洋

棘皮鲀
Chaetodermis penicilligerus
全身长满了像海藻一样的肉刺。它的外形主要是海藻的拟态。●全长：50cm ●栖息地：印度洋、太平洋西部

红牙鳞鲀
Odonus niger
全身都散发着深深的青紫色。背鳍和尾鳍较长，尾鳍的上下延长出去，体型非常优美。●全长：30cm ●栖息地：印度洋，太平洋中、西部

驼背真三棱箱鲀

箱鲀、河豚
Box Fishes,Pufferes

外形看起来一点也不像鱼的一种鱼,这就是又被称为 Box fish 的箱鲀。有很多人都因为它们像玩具一样十分可爱的外形而开始饲养。

另外河豚的存在也不容忽视。虽然很多河豚容易长得体积很大,但是它们的独特性一点也不逊于箱鲀。

角箱鲀
Lactoria cornuta

外观独特，人气很高的箱鲀。如果和游泳速度比它快的鱼混养，那么它容易因为抢不到食物而饿瘦。●全长：30cm ●栖息地：印度洋、太平洋西部

箱鲀如果和饲养者熟悉了，就会直接吃主人手里的食物。上图为角箱鲀。

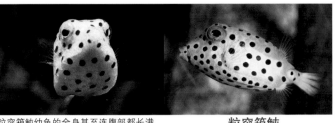

粒突箱鲀幼鱼的全身甚至连腹部都长满了黑色的斑点。人们认为如果它们的斑点甚至比其黑眼球还小，那么很有可能是其他品种的幼鱼。

粒突箱鲀
Ostracion cubicus

幼鱼十分漂亮可爱，但是长到成鱼后就会丧失掉幼鱼时期的美丽，非常遗憾。进口数量少，都是应季进口。●全长：25cm ●栖息地：印度洋、太平洋

三隅棱箱鲀
Lactophrys trigonus

从美国进口的稀有品种。成鱼体积非常大。上图为幼鱼，成鱼的外观和驼背真三棱箱鲀有些相似。●全长：45cm ●栖息地：大西洋

无斑箱鲀
Ostracion immaculatus

在日本常见的箱鲀的代表品种。虽然花纹十分美丽，但是精心饲养本品种的人并不多。●全长：20cm ●栖息地：日本中部

福氏角箱鲀
Lactoria fomasini

它的幼鱼有很多触角，十分可爱。在海水鱼商店里很少能够见到。不妨在夏季的时候自行采集。●全长：13cm ●栖息地：印度洋、太平洋西部

米点箱鲀
Ostracion meleagris

因其雄鱼会变性为雌鱼而闻名。身体花纹十分美丽，但是不易捕食鱼饵。●全长：15cm ●栖息地：印度洋、太平洋

驼背真三棱箱鲀
Tetrosomus gibbosus

眼睛呈美丽的深绿色。进口数量少，不易购买。注意要经常喂食，否则容易被饿瘦。●全长：20cm ●栖息地：印度洋、太平洋西部

惠氏箱鲀
Ostracion whitleyi

偶尔会从夏威夷进口，数量不多。杂食性鱼类，容易捕食鱼饵，但是要注意增加喂饵数量，否则会被饿瘦。●全长：10cm ●栖息地：太平洋中部

蓝带箱鲀
Ostracion solorensis

身体花纹美丽且复杂。进口数量不多。注意增加喂饵频率，否则很难长寿。●全长：10cm ●栖息地：太平洋西部

白带粒突六棱箱鲀
Anoplocapros lenticularis
因其美丽的外观而闻名的箱鲀。鲜艳的橙色身体上带有白色的条纹，让人过目难忘。但是很遗憾，它是箱鲀中很昂贵的品种，难以饲养。●全长：30cm ●栖息地：澳大利亚西部

金黄六棱箱鲀
Aracana aurita
有着非常独特的外观。具有魔幻般的体色和花纹，头部有两个明显突出的角。因此给人印象深刻。属于非常高级的河豚。较难饲养。●全长：25cm ●栖息地：澳大利亚西部

圆点扁背鲀
Canthigaster jactator
仅栖息在夏威夷群岛周围海域的小型扁背鲀。只是偶尔从夏威夷少量进口。体型不大。●全长：6cm ●栖息地：夏威夷群岛

扁背鲀
Canthigaster punctatissima
仅栖息在夏威夷群岛周围海域的小型扁背鲀。偶尔从夏威夷少量进口。●全长：11cm ●栖息地：加利弗尼亚湾、巴拿马湾、加拉帕戈斯群岛

索氏尖鼻鲀
Canthigaster solandri
红褐色的身体上散满了蓝色的小斑点，属于小型扁背鲀。身体结实，易捕食鱼饵，易饲养。●全长：10cm ●栖息地：印度洋、太平洋

尖吻扁背鲀
Canthigaster rostrata
有些两头头尖的身体上有一双大大的眼睛，给人留下很深的印象。产于加勒比海域，因此进口数量很少。●全长：11cm ●栖息地：墨西哥湾、南美北部

菲律宾叉鼻鲀
Ostracion meleagris

灰褐色的身体上有细细的黑线，属于杂食性动物，易捕食鱼饵，什么都吃，不挑食。性格暴躁，最好单独饲养。●全长：30cm ●栖息地：太平洋西部、澳大利亚西岸

星斑叉鼻鲀
Arothron stellatus

幼鱼体色呈黄色和橙色，配以条纹花纹十分美丽。有很多近似品种，但是本品种的嘴部为黑色，极易识别。●全长：50cm ●栖息地：印度洋、太平洋西部

六斑刺鲀
Diodon holocanthus

易捕食鱼饵，身体结实，喜欢在水族箱里游来游去，带给观赏者无穷的乐趣。但要注意不要被它身上的尖刺蜇到。●全长：20cm ●栖息地：全世界的温带海域

带刺鲀
Chylomycterus schoepfi

全身长满了像角一样的尖刺，但是这些角不能像六斑刺鲀那样折叠起来。因为外观美丽而十分受欢迎，但是进口数量却很少。●全长：25cm ●栖息地：佛罗里达半岛、墨西哥湾沿岸

海马

Hippocampus coronatus

在日本海沿岸可以轻易采集到的冠海马。在热带鱼店里通常没有出售。但是它非鱼的体型让人过目难忘。无论怎样它的外观确实是很奇特。●全长：8cm ●栖息地：日本各地沿岸、朝鲜半岛南部。

海马、海龙及其他品种
Seahorses,Pipe Fishes,Others

海马一族的外观实在是难以让人把它们和鱼类联系起来，独特的外观使它们拥有很高的人气。另外，它们更因独特的繁殖方法而闻名。雌鱼把卵产在雄鱼腹部的育儿囊内，在那鱼卵孵化成幼鱼，然后它们排着队从育儿囊内游出，乍一看还以为是雄鱼怀孕产子呢。

海马嘴部都比较小，所以需要喂食一些符合海马嘴部尺寸的冷冻丰年虫、日本新糠虾、孔雀鱼等，如果饲养状态良好，还能够在水族箱内看到它们独特的繁殖方法。

巴氏海马

Hippocampus bargabanti

模仿珊瑚的拟态海马，它的体积是最小的。全长甚至不到2cm，但是十分可爱。●全长：1.7cm ●栖息地：印度洋、太平洋西部

吻海马（黄色）

Hippocammpus reidi

吻海马的黄色变种。给人感觉十分美丽，一旦看见实物肯定就会爱不释手，忍不住想要饲养。●全长：15cm ●栖息地：大西洋西部

棕海马

Hippocampus abdominalis

从澳大利亚进口的海马。上图为雄鱼，正在产出刚刚孵化好的幼鱼。雌鱼会把卵产在雄鱼腹部的育儿囊内，雄鱼则一直把鱼卵保护在自己的腹内直到它们孵化，一旦鱼卵孵化成功，它就将幼鱼们从育仔囊内产出，那个场景就好像是雄鱼负责产卵一样，十分有趣。因其栖息在水温较低的海域，最佳饲养温度应为20℃左右。●全长：10cm ●栖息地：澳大利亚西部、南部

三斑海马

Hippocampus takakurai

大型海马、易购买的品种之一。它只要一面对相机就会把尾巴蜷起来。●全长：20cm ●栖息地：日本南部

管海马

Hippocampus kuda

大型海马。喜食活饵，可以喂食刚刚孵化的丰年虫和孔雀鱼的幼鱼。●全长：30cm ●栖息地：印度洋、太平洋

海马（红色）

Hippocampus coronatus

红色海马。这一品种的颜色各种各样，多得让人吃惊。●全长：8cm ●栖息地：日本各地沿岸、朝鲜半岛南部

吻海马

Hippocammpus reidi

加勒比海进口的海马。也许是我想多了，总觉得与亚洲海马相比它们的体色更加的鲜艳。●全长：15cm ●栖息地：大西洋西部

刺海马

Hippocampus histrix

比较经常进口的海马。体色明快，很受爱好者的喜爱。●全长：12cm ●栖息地：印度洋、太平洋西部

黑胶海龙

Doryrhamphus excisus

体色十分丰富的海龙鱼。属于弱势群体，需要精心饲养。●全长：15cm ●栖息地：印度洋、太平洋

叶形海龙
Phycodurus eques

美国历史悠久的《国家地理》杂志曾经大幅刊登它的照片并进行介绍，使其一跃成为世界知名的海水鱼。无论从哪个角度看它的身体都很像是海藻，它的外观让无数人为之惊叹。基本上只有在冬季才极少量地进口一些人工养殖的个体，可以通过网络购买，但是价格奇高。主要栖息在水温相当低的海域（水温18℃左右），相当难以饲养。●全长：35cm ●栖息地：澳大利亚南部

海龙
Phyllopteryx taeniolatus

它的体型与体色都是海藻的拟态。饲养水温保持在18℃左右。和叶形海龙一样，它的进口数量也很有限。●全长：30cm ●栖息地：塔斯曼海、澳大利亚西部

多带海龙
Doryrhamphus multiannulatus

比斑节海龙还要鲜艳的海龙鱼。喜欢捕食活饵，所以可以充分利用丰年虫连续孵化系统来为其提供鱼饵。●全长：14cm ●栖息地：太平洋中、西部

锯吻剃刀鱼
Solenostomus sp.

它有很多体色变异品种。身体上的小的突起，以及独特的体色，全部都是似断裂的海草碎片的拟态。喜食活饵。●全长：12cm ●栖息地：印度洋、太平洋西部

斑节海龙
Doryrhamphus janssi

细细的身体上布满了红白相间的条纹。适合在没有凶猛的海水鱼的珊瑚造景水族箱内饲养。●全长：15cm ●栖息地：太平洋西部

带纹矛吻海龙
Doryrhamphus dactyliophorus

身体中央部分呈鲜艳的橙色，十分美丽。只有少量进口。●全长：10cm ●栖息地：印度洋、太平洋西部

拟海龙

Syngnathoides biaculeatus

全身像海藻一样泛着绿色，十分美丽的海龙鱼。只要躲到海藻丛中就很难再发现它的身影。另外，如果仔细观察，就会发现它的嘴部十分突出。经常从马尼拉和印度尼西亚进口。●全长：20cm ●栖息地：印度洋、太平洋西部

粗吻海龙

Trachyrhamphus serratus

身体又细又长。应喂食刚刚孵化的丰年虫等。可以使用连续孵化器，十分方便。●全长：33cm ●栖息地：印度洋、太平洋西部

条纹虾鱼

Aeoliscus strigatus

在水中一直头部向下呈倒立姿式游泳。这种鱼无论在自然环境中还是水族箱内都喜欢群游，最少同时饲养5条以上，如果能饲养10条就更好了。同种之间几乎不发生争斗，可以安心饲养。鱼饵可以使用连续孵化器刚刚孵出的幼虫，也可以让它们逐渐适应固体鱼饵。最适合在无脊椎动物造景的水族箱内饲养。●全长：8cm ●栖息地：太平洋西部

双斑短鳍蓑鲉
Dendrochirus biocellatus

身体的前方有向前伸出的十分发达的触角一样的突起。警惕性很高，平时不怎么游动。●全长：10cm ●栖息地：印度洋、太平洋

魔鬼蓑鲉
Pterois volitans

蓑鲉的一种。有很多色彩变异品种。外观与环纹蓑鲉十分相似，但是本品种头顶有长长的触角，所以极易识别。●全长：25cm ●栖息地：印度洋、太平洋

魔鬼蓑鲉黑化种
Pterois volitans

有多种色彩变异的魔鬼蓑鲉的变种之一。身体呈黑色，在明亮的水族箱内十分醒目。●全长：25cm ●栖息地：印度洋、太平洋

环纹蓑鲉
Pterois lunulata

有着发达的胸鳍和背鳍的品种。在大海内经常捕食小鱼，属于肉食性海水鱼，因此易食鱼饵。另外本品种尖锐的背鳍是有毒的，所以在挪动它的时候需要特别注意。●全长：25cm ●栖息地：印度洋、太平洋

轴纹蓑鲉
Pterois radiata

背鳍和胸鳍的棘条像天线一样伸出。属于小型品种，不会长得很大，在75～90cm的水族箱内就可饲养。●全长：15cm ●栖息地：印度洋、太平洋

触角蓑鲉
Pterois antennata

在海水鱼水族箱内是继蓑鲉之后第二常见的鲉鱼。这两种鱼十分相似，但是可以从它们的身体花纹还有胸鳍加以区分。●全长：15cm ●栖息地：印度洋、太平洋

棘茄鱼
Halieutaea stellata

名字的意思不是红色的鞋子，而是红色青蛙。属于深海性的鳖鱼属鱼类，但是在极其偶尔的情况下可以在相模湾海域水深30m左右的海域内采集到。属肉食性，只要好好地控制好水温并不难饲养。●全长：30cm ●栖息地：印度洋、太平洋

达氏拟蟾鱼
Batrachomoeus dahli

从澳大利亚进口的极其稀少的狮子鱼。喜食动物性鱼饵。为保持饲养水温，需要在水族箱内加空调，最高不能超过25℃。●全长：20cm ●栖息地：澳大利亚西北部

埃氏吻鲉
Rhinopias xenops
稀有品种。有很多变异品种，有的好像带着褐红色的假面或者是模仿海藻的拟态鱼。喜欢活饵。在一开始的时候可以喂食一些圆尾金翅雀鲷，习惯以后可以吊着一些鱼肉送到它们的嘴边喂食。水温保持在25℃以下。●全长：25cm ●栖息地：印度洋、太平洋西部

三棘高身鲉
Taenianotus triacanthus
体型是树叶的拟态。它会一直不动伺机捕获走近它身边的猎物。有很多变异品种，褐色、黄色、粉色、黑褐色。●全长：10cm ●栖息地：印度洋、太平洋

两色鳞头鲉
Sebastapistes albobrunnea
头部较大的海水鱼，体色优美。易捕食海水鱼，最好在一开始的时候喂食一些小鱼。身体不会长大，也可以在小型水族箱内饲养。●全长：8cm ●栖息地：印度洋、太平洋

美丽短鳍蓑鲉
Dendrochirus bellus
蓑鲉的近缘品种。栖息在温带海域，水温最高也要维持在25℃以下。进口数量不多。●全长：12cm ●栖息地：日本千叶县、高知县

鲈形鳚杜父鱼
Pseudoblennius percoides
栖息于日本礁石地带的潮间带，可以在满潮池采集到。可以看到它们较小的个体穿梭游曳在海藻和珊瑚之间，十分有趣。●全长：14cm ●栖息地：日本南部

深海鳉鱼
Brotulina fusca
体型独特。因其独特的体型和美丽的色彩而大受欢迎。身体结实，易饲养。●全长：20cm ●栖息地：印度洋、太平洋西部

前鳍吻鲉
Rhinopias frondosa
稀有品种。有很多体型变异品种，根据环境不同会发生很多变化。和埃氏吻鲉相近的品种，喜欢捕食小鱼的肉食鱼。水温需保持在25℃以下。●全长：15cm ●栖息地：印度洋、太平洋西部

双斑瞻星鱼
Uranoscopus bicinctus
眼睛长在背部两侧，喜欢把身体整个埋在沙子里，只露出双眼，静静地等待小鱼靠近，伺机捕食。●全长：30cm ●栖息地：日本南部、台湾、澳大利亚

雀鱼
Lethotremus awae
体型像个肉丸子，十分可爱。腹部有吸盘，用它吸住岩石移动。有很多体色变异品种。有不少爱好者追捧。●全长：4cm ●栖息地：太平洋西部

豹纹鳗

Muraena pardalis

为了威吓对手，它张开大嘴时会露出许多锋利的牙齿。人一旦被咬住则会大量出血，饲养的时候必须多加小心。●全长：90cm ●栖息地：太平洋中、西部

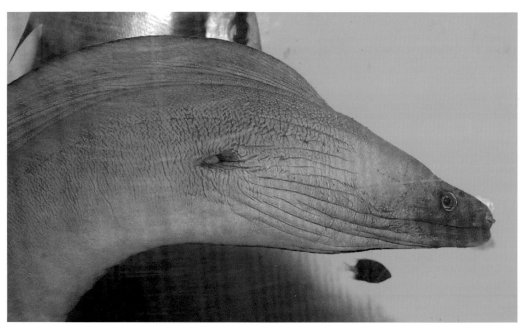

绿裸胸鳝

Gymnothorax funebris

全身呈优雅的橄榄绿色。最大可以长到2.5m。是大西洋中普通类型的蠕纹裸胸鳝中体积最大的品种，栖息范围广泛。进口数量少。●全长：200cm ●栖息地：大西洋

黑身管鼻鳝

Rhinomuraena quaesita

身体极其细长的蠕纹裸胸鳝。它散发着难以想象的美。较难捕食鱼饵，最开始的时候可以喂一些活的小鱼。●全长：120cm ●栖息地：印度洋、太平洋西部

豆点裸胸鳝

Gymnothorax favagineus

身体花纹十分美丽。吸引了很多的人。以小鱼做饵。●全长：200cm ●栖息地：印度洋、印度尼西亚周围海域

蠕纹裸胸鳝

Gymnothorax kidako

日本南部比较常见的日本产蠕纹裸胸鳝。它的体色没有什么值得特别说明的，是可以自行采集的品种。也有人很喜欢饲养它。●全长：80cm ●栖息地：日本南部

条纹裸海鳝

Gymnomuraena zebra

身体布满了横色条纹十分可爱的蠕纹裸胸鳝。有很多人都认为要养蠕纹裸胸鳝，则非它莫属。●全长：150cm ●栖息地：印度洋、太平洋

瘤突鮟鱇鱼的幼鱼

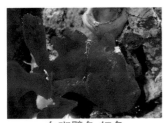

白斑鮟鱇鱼 红色
Antennarius pictus

鮟鱇鱼的一种。有很多体色变异品种，这是红色海绵的拟态品种。拟态既是为了防御也是为了更好地捕食猎物。●全长：13cm ●栖息地：印度洋、太平洋

白斑鮟鱇鱼 橙色
Antennarius pictus

上图是拟态橙色海绵的品种。这类品种大多会把胸鳍当做手，好像散步一样在海底移动。●全长：13cm ●栖息地：印度洋、太平洋

瘤突鮟鱇鱼
Antennarius maculatus

本品种有很多的色彩变异品种，其数量仅次于白斑鮟鱇鱼。成鱼表面凹凸不平，十分有趣。体色呈白色、黄色、红色等多样性。注意不要喂食过多的鱼饵。需要精心饲养。●全长：8cm ●栖息地：印度洋、太平洋

花头
Antennarius tuberosus

小型鮟鱇鱼的一种。最好喂食一些鳞鱼。体型较小，在60cm左右的水族箱内就可以饲养。●全长：7cm ●栖息地：印度洋、太平洋

玫瑰毒鲉
Synanceia verrucosa

静静地待在海底等猎物靠近后捕食。属于食鱼性鱼类。背鳍有剧毒（有致死案例），必须加以注意。●全长：40cm ●栖息地：印度洋、太平洋

哈氏异康吉鳗（右页）
Heteroconger hassi

又被称为花园鳗。喜欢在海底挖一处巢穴，把身体潜入其中，将身体的一半露在外面，然后静静地等待鱼饵从身边漂过进行捕食。●全长：35cm ●栖息地：印度洋，太平洋中、西部，红海

乌翅真鲨
Carcharhinus melanopterus
日文名灰三齿鲨。因其不善游泳所以适合在水族箱内饲养。外观完全和鲨鱼一样，所以人气很高。经常从印度尼西亚进口60cm左右的个体。●全长：200cm ●栖息地：红海、印度洋、太平洋

鲨鱼、魟鱼
Sharks, Rays

  鲨鱼因其具有独特美感的身姿、粗暴的性格吸引了不少爱好者，很意外的是在观赏鱼中它是很受欢迎的一族。但是，要想饲养它们必须创造足够的空间以便于它们游泳，而且又因为它们大多是食肉的，性格暴躁，所以必须使用大型水族箱单独饲养。另外，作为观赏鱼来说，它们大多是非常大型的品种，必须根据它们的生长需要准备非常大型的水族箱饲养。如果您能够满足上述条件，就可以饲养鲨鱼了。如果饲养顺利，可以根据它们的生长速度及时更换大型的水族箱，一般来说，饲养鲨鱼需要根据自身的饲养条件来决定。

东太虎鲨
Heterodontus francisci
宽纹虎鲨的一种。自然条件下以贝类、海胆、软体类的海葵等为主要食物。经常从美国进口。●全长：120cm ●栖息地：太平洋东部

斑点须鲨
Orectolobus maculatus
头部扁平。属于最大型的须鲨的一种。性格暴躁，挪动时需要加以注意。易捕食鱼饵，身体结实，但是不耐高温，夏季必须使用空调。●全长：330cm ●栖息地：太平洋东部

点纹斑竹鲨
Chiloscyllium punctatum
最常见的可饲养的鲨鱼品种。喜食生饵，适应后可食用丰年虫。除了进口幼鱼以外还进口即将孵化的鱼卵。●全长：100cm ●栖息地：太平洋西部

豹纹鲨
Triakis semifasctus
进口鲨鱼中体态最接近"鲨鱼"的品种。在水族箱内游来游去的样子，极具鲨鱼的野性美。进口数量不多。●全长：180cm ●栖息地：太平洋东部

条纹斑竹鲨
Chiloscyllium plagiosum
经常从印度尼西亚进口的品种。海水鱼水族箱内比较常见的鲨鱼品种之一。易捕食鱼饵，身体结实。●全长：100cm ●栖息地：太平洋西部

灰斑竹鲨
Chiloscyllium griseum
进口鲨鱼中体积最小的人气品种。饲养方法与点纹斑竹鲨相同，易饲养。从印度尼西亚有20cm左右的幼鱼进口。●全长：75cm ●栖息地：太平洋西部

斑点长尾须鲨
Hemiscyllum ocellatum
鳃盖后方有大块的黑斑。体型精悍，体色明快。人气很高。●全长：100cm ●栖息地：大堡礁北部、澳大利亚西部

铰口鲨
Ginglymostoma cirratum
栖息在大西洋的鲨鱼品种。花纹漂亮体型优美。食量大，生长速度快，从幼鱼时期开始就得放在大型水族箱内饲养。●全长：75cm ●栖息地：大西洋（一部分在太平洋东部）

蓝斑条尾魟
Taeniura lymma
刚刚买来的魟鱼需要事先适应一下新的环境。最好饲养在底面积比较大的水族箱内，再在底部铺上细沙。●体盘长：45cm ●栖息地：印度洋，太平洋中、西部，红海

双电鳐（电鳐）
Diplobatus ommata
进口数量相当少的珍稀品种。胸鳍上有发电器官，处理的时候要加以注意。●体盘长：12cm ●栖息地：太平洋东部、加利福尼亚湾

古氏土魟
Daxyatis kuhlii
在蓝点魟一般的身体上，散落着蓝色的小圆点，如果圆点数量很少则是其他品种。进口数量极少。●体盘长：30cm ●栖息地：印度洋、太平洋西部

第二章

海水无脊椎动物和海藻

瘿叶蔷薇珊瑚
Montipora aequituberculata
拍摄海洋热带珊瑚礁的影片中经常见到的珊瑚品种。因此，给人的印象十分深刻，集聚了相当高的人气。●栖息地：奄美岛以南、太平洋西部

石珊瑚
Stony Corals

有些珊瑚即使死后身体全部腐烂，它们的骨骼依然像坚硬的岩石一样留下来，这些珊瑚统称为石珊瑚。

属于石珊瑚一族的珊瑚，以前是无法在海水鱼水族箱内饲养的，因为它们太难饲养了。但是现在有了各种先进的饲养装置，饲养技术也得到了长足的进步，也可以饲养活的石珊瑚，并能让它们茁壮成长。也就是说，在自家水族箱内饲养海洋珊瑚礁的时代已经来临了。

树形轴孔珊瑚
Acropora nana
体色优美。它们繁茂生长的部分会呈现出十分优美的体色。珊瑚礁的尖端部分颜色鲜艳，证明它们现在健康状况良好。●栖息地：太平洋热带海域

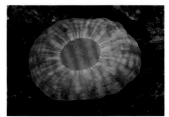

水晶脑珊瑚（粉色类型）
Cynarina lacrymalis
白天吸收了足够的海水，使整个身体膨胀起来。本品种有一种软绵绵的感觉，十分有趣。色彩变异种类很多。●栖息地：日本本州岛中部以南、太平洋西部

巨锥鹿角珊瑚
Acropora monticulosa

石如其名的绿色珊瑚礁。每个枝丫都呈圆锥状生长，十分有趣。其优美的颜色以及独特的外观，非常受欢迎。●栖息地：太平洋热带海域

美丽鹿角珊瑚
Acropora formosa

身体呈树枝状的珊瑚礁。这种群体如它们的名字一样全身都长满了绿色的触手。难以饲养，但是它们的美丽值得饲养者花费更多的心思在它们的身上。●栖息地：太平洋热带海域

粗野鹿角珊瑚
Acropora humilis

全身呈黄色的品种。它的外观让人联想到手指，粗粗的枝丫呈圆锥状发育，给人感觉十分厚重。●栖息地：太平洋群岛

颗粒鹿角珊瑚
Acropora granulosa

每只触手都呈筒状延伸出来。外形像桌面一样。有很多珊瑚都与它非常相似，很难区分。●栖息地：太平洋热带海域

穗枝鹿角珊瑚
Acropora secale

细细的枝丫十分发达的鹿角珊瑚。大多呈鲜艳的粉色或者紫色。在水流较强的地方更能茁壮地生长。●栖息地：太平洋热带海域

深水鹿角珊瑚
Acropora suharsonoi

它的美能够立刻俘获珊瑚爱好者的心，实际上它属于枝丫珊瑚的一种，很难饲养，必须保持水质相当清洁才行。●栖息地：印度尼西亚、巴厘岛周边海域

脑珊瑚（弹坑形）
Trachyphyllia geoffroyi

又被称为绿色八字脑珊瑚。有很多色彩变异品种，人气相当高的石珊瑚。体色美丽，十分珍贵，价格高昂，有很多珊瑚爱好者只饲养本品种，所以很快就会卖光。鱼饵喜欢食用甜虾、贝类的碎肉，或者是大型的鲜鱿鱼。因色彩变异品种众多而闻名，有红色、粉色、橙色、紫色等，也有各种颜色混合在一起的品种。●栖息地：日本本州岛中部以南、太平洋西部

气泡珊瑚

Plerogyra sinuosa

通称为Bubble Coral,是一种十分有名的石珊瑚。触手全部张开时会膨胀成球状。易饲养,最适合初学者饲养。●栖息地:冲绳以南、太平洋西部

泡纹珊瑚

Plerogyra lichtensteini

外观与气泡珊瑚十分相似的石珊瑚。但是它们的袋状胞体较小,不会发育成球状。易饲养,身体结实。
●栖息地:冲绳以南、太平洋西部

红绒脑珊瑚

Blastomussa wellsi

对共生海藻的依赖性很小,需要频繁喂饵的品种。颜色有褐色、绿色、深绿色、红色,但是也有口盘颜色不同的品种。●栖息地:本州岛中部以南

花珊瑚

Euphyllia glabrescens

石珊瑚的普通品种。对水质的恶化很敏感,即使身体状况良好,也要时刻注意保持水质清洁。最好在强照明环境下饲养。●栖息地:奄美以南、太平洋西部

柱形管孔珊瑚

Goniopora columna

触手全部张开时会伸得很长,众多的触手在水中摇曳生姿,是十分动人的水中景色。喜欢明亮的环境。●栖息地:太平洋热带海域

细致管孔珊瑚

Goniopora tenuidens

触手的前端就好像被切过一样短短的。大多为黄褐色和绿色,很少有红色或者橙色的品种进口。●栖息地:太平洋热带海域

花瓶珊瑚

Euphyllia divisa

经常进口的最受欢迎的石珊瑚的品种之一。触手较大,形状与花纹也十分优美,让饲养者可以充分享受饲养石珊瑚的乐趣。它的色彩变种除了褐色以外还有荧光绿等品种进口。另外,也有人把本品种称为"炮仗王",但是已经有其他品种叫这个名字,所以最好避免使用这个称呼。●栖息地:冲绳以南

绿色花瓶珊瑚

Euphyllia divisa

石纽扣珊瑚

Caulastrea tumida

圆筒状的珊瑚个体挤在一起呈半球状。颜色呈褐色、深绿色、黄绿色。经常进口,荧光色的进口数量极其稀少。●栖息地:日本本州中部以南

叉干星珊瑚

Caulastea furcata

进口数量比较稀少的石珊瑚。像树枝状生长,触手之间也保持有一定的间距。比石纽扣珊瑚的体积稍微小一些。●栖息地:冲绳以南

榔头珊瑚

Euphyllia ancora

触手呈独特的扁平形状的石珊瑚。经常有进口。有很多变种,如金属绿色就十分受欢迎。●栖息地:日本本州中部以南

排骨珊瑚

Nemenzophyllia turbida

乍看上去与香菇珊瑚有些相像的石珊瑚。经常从印度尼西亚进口。呈浅褐色或是白色。身体结实易饲养。●栖息地:印度尼西亚、新几内亚

优雅珊瑚（绿色）

Catalaphyllia jardinei

最受欢迎的石珊瑚之一，上图为极其珍贵的绿色品种，别名尼罗河珊瑚。可以将虾或者贝类的肉切碎后喂食。它习惯把触手向左右两侧全力张开，需要注意别让它们和其他的珊瑚触手碰在一起。●栖息地：太平洋西部

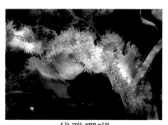

优雅珊瑚

Catalaphyllia jardinei

最常见的褐色品种。上图为较发达的群体。虽然是相同品种，但是颜色不同，给人的印象也截然不同。●栖息地：太平洋西部

丛生棘杯珊瑚

Galaxea fascicularis

形状像鲜花一样，到了晚上会伸出长长的攻击用触手，需要和其他珊瑚保持一定的距离。●栖息地：日本高知县以南、太平洋西部

盘形陀螺珊瑚

Turbinaria peletata

大多呈扁平的形状，如桌面一样。触手完全打开时比较好看。色彩变异种很多，有金属绿色，但是进口数量极少。●栖息地：日本本州中部以南

多叶珊瑚

Polyphyllia talpina

体型细长的群体性珊瑚。触手并不长，但是全部露在外面。喜欢明亮的环境。进口品种大多是褐色的。●栖息地：冲绳以南

石芝珊瑚

Fungia fungites

骨骼呈圆形的单体珊瑚。触手很短，只是伸出短短的一节。色彩变异种除了褐色以外还有绿色。●栖息地：日本四国以南、太平洋西部

长须飞盘珊瑚

Heliofungia actiniformis

骨骼呈圆形的单体珊瑚。触手又粗又长，很有观赏性。触手的顶部还有白色的小圆点，十分有趣。●栖息地：冲绳以南、太平洋西部

触手完全张开的炮仗玉珊瑚

筒星珊瑚属的一种

Tubastrea sibogae

它的体内完全没有褐虫藻（一种寄生藻），厌阳性珊瑚。与喜阳性珊瑚不同，它们没法通过寄生藻的光合作用获取养分，因此每周必须喂食3次左右。鱼饵可以使用新鲜的甜虾等动物性鱼饵，事先切成小块后浸泡在无脊椎动物用的营养液内冷藏后喂食。本品种属于夜行性动物，到了晚上才会打开触手，所以在它们还没有习惯在白天打开触手之前需要在夜间喂食。●栖息地：日本本州中部以南

日本汽孔珊瑚

Alveopora japonica

图中为最受欢迎的绿色品种，但是最常见的还是褐色品种。本品种乍看上去与万花筒珊瑚很像，万花筒珊瑚有24条触手，而本品种只有12条，十分容易区别。绿色品种在蓝色系的荧光灯照射下可以保持美丽的颜色。如果持续接受强照明则会变成褐色。●栖息地：日本千叶县以南

筒星珊瑚属的一种

Tubastrea sibogae

与上述筒星珊瑚属的一种很像的树珊瑚。但是不同的是，本品种的共有骨骼部分不是横向生长而是向上生长。市面上的流通数量也很多。饲养方法参照上述品种。●栖息地：日本本州中部以南

大枝树珊瑚

Dendrophyllia coccinea

群生的树珊瑚，群体高度为10cm左右。珊瑚主体的颜色一般为粉色，也有橙色。水温最好保持在25℃以下。●栖息地：日本本州中部以南

花立珊瑚

Balanophyllia ponderosa

单体性树珊瑚，触手全部打开后场面十分壮观，因此人气很高。将甜虾切碎后放在触手上，它们闻到味道就会打开触手。●栖息地：日本本州中部以南

十字树珊瑚
Dendrophyllia arbuscula
触手枝干与主干几乎成直角，像树枝一般生长。触手全部打开时的样子十分美丽。一般来说，在购买树珊瑚时的身体状况决定了它以后的发育情况。 栖息地：日本本州中部以南

澳洲角星珊瑚

Goniastrea austrariensis

特点是荚壁（粗的网状部分）肥厚发达。是菊珊瑚中身体结实易饲养的品种。●栖息地：日本本州中部以南

多孔同星珊瑚

Plesiastrea versipora

每一单个的珊瑚个体都很小。一般褐色较多，偶尔有很美的金属绿色群体进口。●栖息地：日本千叶县以南

角菊珊瑚属的一种

Favites russelli

体色优美。菊珊瑚中有很多种都难以辨别它的具体品种。●栖息地：日本本州中部以南

梳状菊花珊瑚

Goniastrea pectinata

菊珊瑚中很多品种的荚壁和口盘的颜色不一样。在明亮的环境下可以茁壮成长。●栖息地：日本千叶县以南

长枝海鸡冠软珊瑚
Dendronephthya decussatospinosa
体态优美，人气很高。进口数量少，难以购买。可以长到1.2～1.5m。●栖息地：相模湾、纪伊半岛

软珊瑚
Soft Corals

软珊瑚，是有八条触手的珊瑚的总称。但是每个人对这个词的用法不同，甚至可能包括死后不会留下坚硬骨骼的所有珊瑚品种。

软珊瑚有很多都可以给水族箱内增添不少鲜艳的色彩，或者是以其独特的姿态装点水族箱的水景。我们经常看到的如花海一般的海底世界大多是出自它们之手。如何在水族箱内完全展示出软珊瑚的美感，是打造魅力十足的水族箱的关键因素。

条状短指软珊瑚
Sinularia capillosa

体积较小的软珊瑚。照明较暗时颜色呈纯白色。图中红色的小鱼，在白色珊瑚的映衬下，体色显得格外优美。●栖息地：冲绳、中国南海

短指多型软珊瑚
Sinularia polydactyla

形状复杂的软珊瑚品种。经常进口，所以不难购买。发育后体积会很大，适合用于装饰水族箱的后景。●栖息地：冲绳以南

台湾珊瑚
Xenia blumi

在蓝色的灯光照射下，更能体现它的蓝色调，十分美丽。如果有强光照射不需要特别喂食鱼饵。很容易从岩石上脱落下来，需要注意。●栖息地：冲绳以南

异伞软珊瑚
Heteroxenia elisabethae

进口数量较多的软珊瑚。在运输途中容易受到损坏，所以在购买的时候尽量选择状态良好的个体。●栖息地：冲绳以南

肉芝软珊瑚的触手放大以后的图片。像雪花的结晶一样，有一种震慑人心的美。

肉芝软珊瑚
Sarcophyton sp.
白色洁净的触手全部打开后的样子十分动人。●栖息地：冲绳以南

冠指软珊瑚
Sinularia pavida
外观十分有魅力。喜欢阳光照射，需要放在照明充足的地方。另外它还喜欢水流较强的位置。水温保持在20～25℃之间。●栖息地：冲绳以南

疣冠形软珊瑚
Alcyonium gracillimum
身体柔软。色彩变化很多，除了橙色以外还有粉色。比较容易饲养。水温保持在20～25℃之间。●栖息地：日本本州中部以南

大棘穗软珊瑚
Dendronephththya gigantea
十分受欢迎的品种之一。对水质变化比较敏感，需要在清洁的海水内饲养。使用空调把水温保持在20～25℃之间。
●栖息地：日本本州中部以南

棘穗软珊瑚
Dendronephthya habereri
主要的栖息地在水深20m左右的岩石地区。触手全部打开后就像它的名字一样展现出十分美丽的姿态。●栖息地：相模湾以南、中国南海、阿拉弗拉海

海鸡冠珊瑚
Dendronephthya mucronata
身体长满了小刺，因此而得名。鱼饵需要事先在无脊椎动物用营养液内泡过后再喂食。上图有软珊瑚蟹寄生在身上。●栖息地：冲绳以南

羽珊瑚
Clavularia inflata
8条触手全部打开时十分漂亮。有强光照射时则不需要喂食鱼饵。色彩变种有褐色、绿色、黄色等。●栖息地：冲绳以南

穗软珊瑚的一种
Lemnalia sp.
经常进口的品种。体内没有骨片，所以摸起来十分柔软。照明充足则不需要喂食鱼饵。●栖息地：印度洋、太平洋西部

红扇珊瑚
Melithaea flabellifera

身体呈美丽的粉色，除此以外还有红色、橙色、黄色等色彩变异。添加各种营养液后效果会更好。水温最高不要超过23℃。
●栖息地：日本千叶县以南、男鹿半岛以南

南方软柳珊瑚
Subergorgia pulchra

红色的枝丫上开满了细小的触手。红色和白色的对比为它赢得了相当高的人气，进口数量不是很多。触手易张开，易饲养。
●栖息地：冲绳以南

丛柳珊瑚的一种
Plexauridae sp.

触手呈美丽的蓝紫色，给人的印象十分深刻。鱼饵可以喂食孵化的丰年虫。水温保持在20～23℃左右。●栖息地：日本本州中部以南

白色软柳珊瑚
Echinomcricea sp. *cf. spinifera*

全身呈纯白色。本品种主干与枝丫部分几乎都呈直角，易与其他品种区分。最适合在20℃左右的环境中饲养。●栖息地：相模湾

软帘管柳珊瑚
Echinogorgia spinifera

触手易打开的品种之一，主干下方有分叉，还可以再分出1～2枝。鱼饵可以喂食孵化的丰年虫和液体饵。●栖息地：印度洋、太平洋西部

海草莓的一种（橙色）

Nephthygorgia sp.

有很多软珊瑚的外观都很像草莓，所以很难明确地加以区分。如果状态好的时候触手全部打开，就会变成与草莓完全不同的姿态。●栖息地：印度洋、太平洋西部

扭转唐松

Cirripathes spiralis

形状像又细又长的卷成一圈一圈的铁丝棒，可以用孵化的丰年虫和无脊椎动物专用液体鱼饵喂养。适合在20～23℃左右饲养。●栖息地：日本本州岛中部以南

肉色管柳珊瑚

Siphonogorgia dofleini

像树一样成群生活的珊瑚。生活在水温比较低的场所，因此需要在水族箱内加空调把水温保持在20～23℃。●栖息地：相模湾以南、东海、新喀里多尼亚

红色管柳珊瑚

Echinogorgia rigida

管柳珊瑚中的人气品种。经常有进口。在水族箱内需要插入水底进行饲养。可以喂食无脊椎动物液体鱼饵。●栖息地：印度洋、太平洋西部

羽状花群海葵（红色）

Zoanyhus erythrochloras

有很多色彩变异的品种，上图为其中之一。这种珊瑚十分优美，海水鱼商店内一旦进货就立刻会被抢购一空。如果见到它的稀有品种需速战速决。●栖息地：印度洋、太平洋西部

橙色红绿花群海葵

Zoanthas aff. similis

拥有橙色触手的羽状花群海葵。需要不断地喂食一些切碎的小虾之类的鱼饵，均匀撒在珊瑚礁上。●栖息地：冲绳以南

纽扣珊瑚的一种

Zoanthas sp.

如果饲养状态良好，就会像上图那样长满整个水族箱底。●栖息地：印度洋、太平洋西部

笙珊瑚（白色）

Tubipora musica

从鳃管绽放出像雪花一样洁白的触手。进口频率较高的软珊瑚，易购买。●栖息地：印度洋、太平洋西部

纽扣珊瑚的一种

Palythoa sp.

纽扣珊瑚主要附着在死去的珊瑚身上，是十分方便的造景材料。●栖息地：太平洋西部

紫色羽珊瑚

Pachyclavulacea violacea

羽珊瑚的触手散发着荧光绿色，很受欢迎。适合在蓝色灯光照射下饲养。●栖息地：冲绳以南

羽珊瑚

Clavularia racemosa

在死去的珊瑚礁和海藻上繁殖，触手通常是褐色的，但是也有嘴部以及嘴部周围会呈绿色或者白色的个体。●栖息地：太平洋西部

玉岩花群海葵

Palythoa lesueuri

全身散发着金属绿色的珊瑚。闪烁着十分鲜艳的荧光色的个体，十分受欢迎，进口数量并不多。除此以外还有茶色和粉色的品种。●栖息地：太平洋西部

香菇珊瑚

Discosoma bryoides

颜色十分美丽的软珊瑚。在珊瑚中色彩如此美丽的十分少见。●栖息地：印度洋、太平洋西部

香菇珊瑚的一种（红色）

Discosoma sp.

在蓝色系的灯光照射下，会显得格外美丽。●栖息地：印度洋、太平洋西部

香菇珊瑚的一种（棕色）

Discosoma sp.

在深棕色的表面上有蓝色的线条。有很多爱好者专门挑选这一品种饲养。●栖息地：印度洋、太平洋西部

黄水螅珊瑚

Parazoanthus sp.

比较容易购买的软珊瑚的品种之一。明黄色十分受欢迎。集体生活在岩石或者死掉的珊瑚礁上。是比较方便用来造景的品种。●栖息地：印度洋、太平洋西部

象耳珊瑚

Discosoma fonestrafera

一种非常大型的香菇珊瑚，因此被称为"象耳"。●栖息地：印度洋、太平洋西部

水螅珊瑚的一种

Pamzoanthus gracilis

寄生在一种羽螅科动物上的大范围繁殖的软珊瑚，然而被寄生的羽螅科动物最后会死掉。需要每周少量喂3次鱼饵。喜欢有水流的地方。●栖息地：本州中部、九州

紫色海葵

Parasicyonis maxima

色彩丰富的海葵之一。除此以外还有金属绿、蓝等颜色，十分美丽的品种。进口数量不多。●栖息地：太平洋西部

地毯海葵珊瑚（蓝色）

Stichodactyla haddoni

人气很高的色彩变种之一。和绿色相比蓝色的人气稍微差一些。●栖息地：本州中部以南

地毯海葵珊瑚（绿色）

Stichodactyla haddoni

人气相当高的海葵色彩变种之一。进口数量不多。●栖息地：本州中部以南

粉紫海葵

Radianthus crispus

红小丑鱼、小丑鱼、粉红小丑鱼都非常喜欢钻到它的触手中生活。最好每周喂食2~3次动物鱼饵。●栖息地：四国以南

长触手海葵

Parasicyonis maxima

拥有长长的触手和橙色的身体的海葵。也许是因为它的刺胞没有毒性，防御能力差，所以没有小丑鱼喜欢和它生活在一起。●栖息地：太平洋西部

海葵

Entacmaea ramsayi

触手的尖端略微膨胀，就好像顶着一个小珠子一样。根据它的饲养状态，有时很难和珊瑚海葵加以区别。●栖息地：太平洋中部

地毯海葵珊瑚

Stichodactyla haddoni

刺胞毒性很强。触手很短，尖端呈圆形。小丑鱼、鞍背小丑鱼、三点白圆雀鲷的幼鱼都喜欢和它建立共生关系。●栖息地：本州中部以南

菊花海葵

Condylactis passiflord

从美国进口的品种。刺胞毒性很强。身体呈美丽的粉红色，十分受欢迎，但是进口数量少。除此以外还有黄色、白色、紫色的变异。饲养水温20～25℃。●栖息地：佛罗里达周围

大海葵

Halcurias sp.

栖息在水底较深的海域，身体相当结实，易饲养。刺胞的毒性很强。最好保持水温在20～25℃左右饲养。●栖息地：日本和歌山县以南

武装杜氏海葵

Dofleinia armata

栖息在海底沙泥地中的大型海葵。刺胞毒性很强。不可以直接用手触摸。即使没有沙子也可以饲养。颜色有绿色、黄色、粉色等。●栖息地：本州中部、九州、澳大利亚

千手海葵

Pachycerianthus magnus

所有的触手内外侧都有很清晰的白线，是本品种的一大特点。它的刺胞有很强的毒性，注意不要让它碰到其他的珊瑚。●栖息地：本州中部、九州

白千手海葵

Pachycerianthus maua

栖息在海底沙泥地中的大型海葵。刺胞毒性很强。触手的直径可以达到20～30cm。鱼饵可以使用切碎的鱼类、贝类和虾类。●栖息地：冲绳以南

珊瑚海葵

Entacmaena actinastloides

十分受欢迎的海葵品种之一。根据生长状态有时很难与菊花海葵区分。小丑鱼很喜欢这种珊瑚。●栖息地：本州中部

菊花海葵（白色）

Condylactis gigantea

从美国进口的品种。白色触手顶部呈粉色，十分美丽。可能由于毒性过强，所以不怎么受小丑鱼的青睐。●栖息地：佛罗里达周围

日轮海葵

Phymaothus muscosus

触手上有很多醒目的红色疣状突起。大部分是褐色，有时也有鲜艳的红色品种。偶尔从菲律宾等地进口。●栖息地：本州中部以南

大旋鳃
Spirobranchus giganteus
身体感受到危险，就会立刻关闭栖管上的盖子来保护自己。腮冠的色彩多样，大多数喜欢群生，十分美丽，且人气很高。适合使用液体鱼饵。●栖息地：本州中部以南

缨鳃虫（红色）
Sabella fusca
腮冠部分为黄色、其他部分为红色的品种。上图的缨鳃虫的腮冠是双色品种的腮冠自割以后再生出来的。●栖息地：印度洋、西太平洋

旋鳃管虫的一种（粉色）
Chone sp.
腮冠呈螺旋状。腮冠以粉色、白色或者红白相间的颜色最多。时常有进口，不难购买。●栖息地：太平洋西部

丛生管虫（紫色）
Bispira brunnea
本品为美丽的紫色品种。可能是因为其体积小且美味，所以容易被螃蟹和大型鱼吃掉，要注意。●栖息地：加勒比海

印度光缨虫（普通种）
Sabellastarte sp.
进口频率最频繁的一个品种。这一品种如果状态良好，腮冠会张得非常大，一点点地长大。●栖息地：印度洋

印度光缨虫
Sabollastarte japonica
在日本海比较常见的品种。偶尔会在销售自己采集的海水鱼的商店内见到，流通数量比较少。●栖息地：太平洋西部

丛生管虫（橙色）
Bispira brunnea
腮冠的直径大约为15mm左右，十分可爱，属于群体性生存的缨鳃虫的一种。在造景的时候注意不要把它们弄碎，摆放在岩石上。●栖息地：加勒比海

原管虫（红色）

Protula sp.

经常从印度尼西亚进口的大型龙介虫科的一种。腮冠很大，而且十分醒目，人气很高。颜色有红色、橙色、黄色、白色等等。●栖息地：印度洋、太平洋西部

蛇木管虫

Fiogranella elatensis

腮冠呈鲜艳的红色。在海底喜欢群生，栖管交织在一起在背部结成很大的块。栖管易碎，搬送时要注意。●栖息地：冲绳以南

原管虫（橙色）

Protula sp.

橙色的原管虫。可以根据个人喜好，收集各种颜色的原管虫饲养在水族箱内。●栖息地：印度洋、太平洋西部

莲花管虫

Bispira sp.

形如其名，其特点是腮冠呈螺旋上升的形状。上图是进口最多的棕色品种的照片。●栖息地：太平洋西部

巨原管虫

Protula magnifica

拥有十分豪华的腮冠形状的软珊瑚。非常醒目，人气很高，价格也高。除此以外还有白色和淡橙色的品种。●栖息地：印度洋、太平洋西部

椰树管虫

Protula bispiralis

拥有很大很美丽的腮冠。十分醒目，所以很受关注。进口数量少，是十分昂贵的品种。●栖息地：印度洋、太平洋西部

旋鳃管虫的一种（白色）

Chone sp.

它的腮冠细长像绳子一样。图中为比较珍贵的白色品种，白色腮冠在水族箱内十分醒目。●栖息地：太平洋西部

美人虾（对虾）
Stenopus hispidus

进口数量多，易购买。大多成对进口。它的别名又叫拳师虾，如果不是一对，很容易发生激烈争斗。●体长：5cm ●栖息地：印度洋，太平洋中、西部，加勒比海，大西洋西部

火焰虾
Lysmata debelius

深红色的身体上散落着许多白点。6条腿的下半部分也是白色的，就好像是穿着白袜子一样。●体长：8cm ●栖息地：印度洋、太平洋

虾、螃蟹、寄居蟹
Shrimps, Crabs, Hermit Crabs

在海底除了珊瑚、印度光缨虫这些静止不动的无脊椎动物以外，还有活动的无脊椎动物，如虾、螃蟹、寄居蟹、海星、章鱼、乌贼、海牛、海蜇等，它们都可以在水族箱内饲养。过去因为饲养装置还不发达，有很多品种无法饲养，但是现在随着饲养装置性能的提高，很多品种都可以长期饲养了。

大型神仙鱼和蝴蝶鱼都喜欢食用无脊椎动物，所以没法让它们一起生活，可以饲养一些对无脊椎动物无害的小型鱼类。另外，无脊椎动物都无法接受用来治疗白点病的药物——硫酸铜，所以一旦在水族箱内发现有罹患白点病的鱼类，最好把病鱼从水族箱内取出单独治疗。

美人虾大多是放在这样的容器内出售的。

魔鬼美人虾
Stenopus pysonotus

大多栖息在夏威夷周边海域的洞穴。外形很像美人虾，但是体积要比美人虾大，它伸出的长长的胡须也十分优美。刚放在水族箱内时，它会躲在掩体中不愿露面，一旦适应了水族箱内的环境就会走出掩体自己散步。●体长：7cm ●栖息地：太平洋中部（长期以来一直被当做是夏威夷的特有品种，现在在新几内亚、毛里求斯等地也有发现）

火焰变色龙
Stenopus scutellatus

饲养方法可以参照美人虾，除非是一对饲养，最好不要与同种饲养。另外，放入水族之前需要事先调整水质。●体长：3cm ●栖息地：加勒比海、太平洋西部

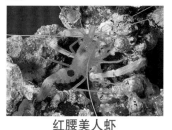

红腰美人虾
Stenopus devaneyi

体侧有红红的大圆点。饲养并不困难，但是由于性格怯懦，要给它们营造一个安全的生活环境。●体长：6cm ●栖息地：印度洋、太平洋西部

蓝头美人虾
Stenopus tenuirostris

头部呈鲜艳的紫色。以前很稀有的品种，但是最近随着进口数量的增加，价格也变得便宜了。●体长：3cm ●栖息地：印度洋、太平洋西部

清洁虾（医生虾）

清洁虾（医生虾）

Lysmata amboinensis

在海水鱼水族箱内最常见的一种虾。这种虾习惯去清洁裂唇鱼之类的大型鱼，用钳子捕食它们身体表面的寄生虫。偶尔也会在水族箱内看到它们紧贴在海水鱼的身上，帮助其清洁身体的样子。这种小虾同种之间不会发生激烈争斗，可以放心地同时饲养很多只。可以使用切碎的丰年虫或鱼用固体鱼饵等喂食，清洁虾什么都吃。另外，如果把小虾突然移到其他水族箱内，它们会因为不适应周围环境而死亡，这一点必须要注意。●体长：7cm ●栖息地：印度洋、太平洋、加勒比海、大西洋西部

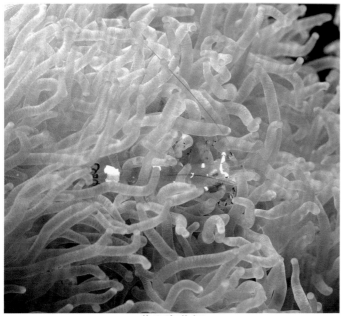

薄荷虾

Rhynchocinetes uritai

栖息在房总半岛以南，可以自行采集。在海水鱼商店内几乎没有出售。身体结实，性格温和，可以同时饲养数条。●体长：6cm ●栖息地：太平洋西部

骆驼虾

Rhynchocinetes durbanensis

从海外进口的骆驼虾，属于小型虾。身体娇小，体色优美，十分受欢迎。身体结实易饲养。●体长：6cm ●栖息地：太平洋中、西部

紫斑海葵虾

Periclimenes brevicarparis

与地毯海葵和白地毯海葵保持着良好的共生关系的小虾。当然它也可以和其他的海葵或珊瑚保持良好的共生关系。大多是雄性与雌性成对生存。易饲养。●体长：4cm ●栖息地：印度洋、太平洋西部

海葵虾

Labbeus balssi

栖息在水深20～30m的海域，与武装杜氏海葵共生。身型优美，人气很高，很难从普通的进口途径买到的品种。栖息在水温较低的地方，需要把水温控制在20～23℃左右。●体长：2cm ●栖息地：大西洋

海葵虾的一种
Periclimenes sp.
与海葵虾非常相似的小虾。透明的身体上有着许多又大又红的鲜艳斑点，十分美丽的品种。进口数量少，入手困难。●体长：3cm ●栖息地：印度洋、太平洋西部

性感虾
Thor amboinensis
与地毯海葵和地毯海葵珊瑚有共生关系。尾巴微向上翘的姿势十分可爱。经常从印度尼西亚进口，易购买。什么鱼饵都吃。●体长：3cm ●栖息地：印度洋、太平洋西部

蜜蜂虾
Gnathophyllum americanum
黑色的身体上有白色横纹的小型虾。与小丑虾相同，喜欢捕食海星做鱼饵。夜行动物。●体长：1cm ●栖息地：印度洋，太平洋中、西部，加勒比海，大西洋西部、东部

白纹海葵虾
Periclimenes magnificus
与海葵共生的小型虾。喜欢清洁鱼的身体。偶尔从东南亚进口。●体长：3cm ●栖息地：印度洋、太平洋西部

小丑虾（贵宾虾）

Hymenocera picta

它的饮食习惯极其特殊，只捕食海星，慢慢地把猎物的肉融化后吃掉。这种虾大多成对进口，是非常容易成对购买的品种。饲养这种虾，必须要不停地准备鱼饵。可以推荐使用比较廉价的馒头海星（进口的目的就是当做本品种的鱼饵）。●体长：6cm ●栖息地：印度洋、太平洋西部

绵羊虾

Saraon rectirostris

白色的身体配有紫色的脚。易饲养，并不是随时都可以买到的品种，只是偶尔进口。●体长：4cm ●栖息地：印度洋，太平洋中、西部

马骝虾

Saraon marmoratus

比较流行的珊瑚虾品种。雄性的第三颚脚比雌性要长很多。什么都吃，易饲养。●体长：4cm ●栖息地：印度洋，太平洋中、西部

彩螯清洁虾

Periclimenes pedersoni

作为清洁虾的一种，时有进口。容易和外观比较相似的紫斑虾搞混。不易饲养。●体长：3cm ●栖息地：加勒比海、太平洋西部

漫步在日本汽孔珊瑚上的海葵虾

鼓虾的一种
Alpheus sp.
体侧有一个大大的红色圆点，因此而得名。●体长：5cm ●栖息地：印度洋、太平洋西部

鼓虾的一种（右）
Alpheus sp.
别名红衣枪虾。它的钳子上有一对像弹簧一样的装置，使它能够迅速地打开或者关闭虾钳，可以对敌人或猎物作出致命一击。●体长：5cm ●栖息地：印度洋、太平洋西部

条纹龙虾
Panulirus bersicolor
属于夜行动物，到了白天需要找一个合适的隐蔽场所。最好在水族箱内做好一个简单的小的岩石组合。什么鱼饵都吃，易饲养。●体长：25cm ●栖息地：印度洋、太平洋西部

紫光虾
Enoplometopus debelius
普通虾的一种。会在夜间捕食水族箱内的小鱼。可以在落下式过滤槽中饲养。什么鱼饵都吃。●体长：10cm ●栖息地：印度洋、太平洋西部

气泡珊瑚虾
Vir phillippinensis
喜欢和气泡珊瑚共同生存的小虾。无法单独购买，大多和气泡珊瑚一同进口。●体长：1cm ●栖息地：印度洋、太平洋西部

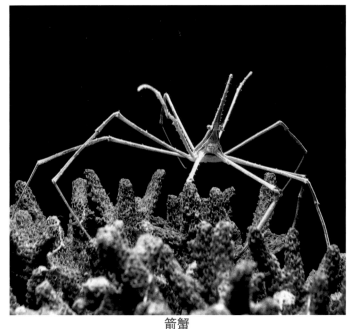

花纹细螯蟹

Lybia tesselata

两个蟹钳会不停地夹住海葵来保护自己的螃蟹。究竟是从哪里找到这么小的海葵的呢？●甲壳宽度：2cm ●栖息地：印度洋、太平洋

箭蟹

Stenorhynchus seticornis

脚很长的螃蟹。性格暴躁，无法同种饲养。●甲壳宽度：2cm ●栖息地：加勒比海、大西洋西部

软珊瑚蟹

Hoplophrys oatesii

模仿海鸡冠软珊瑚的拟态蟹，并与之共生。很多时候都是随着海鸡冠软珊瑚一起放到水族箱内的。●甲壳宽度：2cm ●栖息地：印度洋、太平洋西部

雀尾螳螂虾

Odontodactylus scyllarus

既漂亮又凶猛的虾类，它的钳子非常厉害，可以一举击碎30cm的水族箱玻璃板。●体长：15cm ●栖息地：印度洋、太平洋西部

大指虾蛄的一种

Gonodactylaceus sp.

体色十分优美的品种。它用强有力的补足，可以轻易击碎蛤蜊的保护壳，吃掉它们。●体长：6cm ●栖息地：印度洋、太平洋

琵琶虾

Scyllarides haani

大型的扇虾。喜食动物鱼饵，最好把小虾、鱼的肉切碎喂养。●体长：30cm ●栖息地：广泛分布在亚热带、热带沿海礁岩地带

红斑新岩瓷蟹
Neopetrolisthes ohshimai

看上去很像螃蟹，实际上是寄居蟹的一种。喜欢和地毯海葵（大多成对生活）共生。
●甲壳宽度：2cm ●栖息地：印度洋，太平洋西、南部

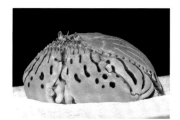

卷折馒头蟹
Calappa lophos

它把强有力可以轻易击碎坚硬的贝类的蟹钳藏在脸下面的样子十分可爱。进口数量少，但是看到实物后，大家都很想饲养它。●甲壳宽度：15cm ●栖息地：印度洋，太平洋西部、南部

钝额曲毛蟹
Camposcia retusa

全身长满了又弯又硬的绒毛，主要起到钩子的作用，是模仿海绵和海藻的拟态蟹。易饲养，什么都吃。●甲壳宽度：4cm ●栖息地：印度洋、太平洋

日本英雄蟹
Achaeus japonicus

全身都附着了海绵和海藻的拟态蟹。尤其是附着了很多海绵的个体，色彩丰富，十分美丽。什么都吃。●甲壳宽度：2cm ●栖息地：日本东京湾、九州

珍珠花瓣蟹
Liomera margariitata

附着在珊瑚岩上，趁人不注意的时候潜入到海水鱼水族箱内。可以把它当做是软珊瑚带给你的恶作剧。●甲壳宽度：1cm ●栖息地：印度洋、太平洋西部

纹章藻片蟹
Huenia proteus

模仿海藻的拟态蟹。头上也顶着海藻。形态与颜色都十分丰富的品种。●甲壳宽度：3cm ●栖息地：印度洋、太平洋

秀丽硬壳寄居蟹
Calcinus elegans

被誉为是珊瑚寄居蟹中最美的品种。偶尔批量进口。身体结实，易饲养。长期饲养需要准备一些它们用来寄居的贝壳。●甲壳宽度：2cm ●栖息地：印度洋、太平洋西部

鹿角寄居蟹
Manucomplamus varians

喜欢背着活珊瑚生活的外国进口寄居蟹。这种寄居蟹喜欢寄居在活的珊瑚身体上，为了不伤害珊瑚，最好给它们准备一些鹿角珊瑚品种的珊瑚。为了让寄居蟹有搬家用的空壳，可以事先预备好一些空的贝壳让它们居住（虽然住与不住还是要靠寄居蟹自己来决定）。●全长：3cm ●栖息地：太平洋中部

柄真寄居蟹
Dardanus pedunculatus

把寄居的空贝壳放在海葵上以提高防御能力。搬家的时候也会把海葵一起搬走。●甲壳宽度：4cm ●栖息地：太平洋中部

短指和尚蟹
Mictyris longicarpus

栖息在入河口的沙泥地内的螃蟹。在水族箱内饲养十分有趣。不能完全在水中饲养的品种。●甲壳宽度：2cm ●栖息地：印度洋、太平洋西部

黑线章鱼

Sepiolodidea lineolata

从澳大利亚极少量进口的品种，实际是非常有魅力的小型墨鱼。饲养温度最好保持在18～20℃之间的低温，必须要安装空调。也可以吃一些虾、鱼、贝类的肉。●体长：6cm ●栖息地：澳大利亚南部

蓝圈章鱼

Haplochlaena maculosa

栖息在日本周边的类似于豹斑章鱼的墨鱼品种。进口数量少。鱼饵最初可以使用活饵（小鱼），习惯后可以让它吃一些虾、鱼、贝类的肉。在喂食的时候，先用竹扦一头扎住鱼饵，然后在水中摇摆竹扦吸引它的注意，它就会立刻跳起来吃饵。这种章鱼有剧毒，被咬到会致死。●体长：12cm ●栖息地：印度洋、太平洋西部

神户乌贼

Sepia kobiensis

易饲养的小型乌贼，身体最长到7cm。只能在非常干净的海水环境中饲养。●体长：7cm ●栖息地：印度洋、太平洋西部、太平洋西北部

软翅仔

Sepioteuthis lessoniana

较大型的乌贼，可以在岩壁附近自行采集到较小的个体，饲养时需要保持水质清洁。●体长：40cm ●栖息地：印度洋、太平洋西部、红海

火焰贝
Lima scabra

身体呈鲜艳的红色。游泳的时候会不停地迅速张开或者关闭自己的壳。找到合适的场所就会伸出丝足，在岩石上固定身体安家。●甲壳长度：7cm ●栖息地：大西洋

东蛸
Octopus brenice

小型章鱼，十分可爱。进口数量极其稀少。可以在礁岩的潮间带自行采集。对水质变化比较敏感，所以必须保持水质绝对的清洁。主要喂食动物饵。●体长：4cm ●栖息地：太平洋西、南部、东海、南海

帛琉鹦鹉螺
Nautilus belauensis

有名的活化石。生活在水深200m左右的海域。比较容易吃饵料，喜欢虾、鱼、贝类的肉。适合的饲养温度在18～20℃之间。●甲壳长度：15cm ●栖息地：帕劳周围海域

高腰车轮螺
Heliacus variegatus

附着在红绿花群海葵的身体上，进入到水族箱的海螺。因为它们专门以武装杜氏海葵类的动物为食，所以见到后一定要清除掉。●甲壳长度：2cm ●栖息地：印度洋、纪伊半岛以南的西太平洋

馒头海星
Protoreaster nodosus

肉质肥厚，身体上有许多角状突起。大多作为贵宾虾和蜜蜂虾的鱼饵。●体宽：15cm ●栖息地：印度洋、太平洋西部

四盘耳乌贼
Euprymna morsei

因为它的鳍长得像耳朵而得名。喜欢潜藏在海沙里，因此要在箱底铺上沙子。●体长：5cm ●栖息地：印度洋、太平洋西部（北海道）

白疣蛸
Octopus oliveri

经常进口的章鱼品种。易饲养，所以推荐入门者饲养。喜欢吃活的寄居蟹、蟹、虾。●体长：40cm ●栖息地：太平洋西部

木匠钟螺
Omphalius pfeifferi pfeifferi

海水鱼水族箱内用来清除苔藓的海螺，十分受欢迎。放在水族箱内它就会不停地吃苔藓。●甲壳长度：4cm ●栖息地：北海道以南的日本海一侧、九州西岸

海苹果

Pseudocolochirus axiologus

栖息在岩石的缝隙中，十分优美。以漂浮在水中的各种浮游生物为食，它用15只左右的细细的触手捕食鱼饵，然后将鱼饵运到嘴边吃掉。最好是把固体鱼饵顺着水流的方向冲到它们身边。本品种体内有能够将其他生物致死的毒素，一旦发现它的身体状况不是很好，就要迅速将其移到其他水族箱内进行隔离，一旦它死在水族箱内，体内的毒素流出，会影响到水族箱内的全部生物。
●全长：12cm ●栖息地：澳大利亚东北部

深红海星的一种

Fromia milleprella var.

偶尔有进口的品种。身体呈红色，上面有细小的蓝色斑点，十分美丽。鱼饵可以使用一些蛤蜊等动物的碎肉。●辐长：4cm ●栖息地：印度洋、太平洋西部

橙色碗状海绵

学名不详

呈碗状的海绵。在水族箱内饲养本品种会生辉不少。但是它的内侧容易积蓄垃圾，需要经常打扫。●摄影实物长：12cm ●栖息地：印度洋、太平洋

红色海绵

学名不详

从美国进口的品种。形状独特，可以作为造景材料使用，十分受欢迎，但是一旦水温升高或水流加速就会立刻脱色死亡。要想长期饲养，需要把水温保持在25℃以下。
●摄影实物长：20cm ●栖息地：不明

五爪蚌家族
Tridacna crocea

人气很高的扇贝。外套膜的颜色丰富，十分受欢迎，颜色的变化也很多。其体内有共生藻，在强光照射下可以茁壮成长。●甲壳长度：15cm ●栖息地：印度洋、太平洋

从后面拍摄的多彩海牛，也十分美丽。

多彩海牛
Hypselodoris apolegma

本品种是根据它优美、鲜艳的配色而得名。属于会长得比较大的种类。经常有进口。●全长：10cm ●栖息地：印度洋、太平洋西部

太平洋彩色海牛
Chromodoris sp.cf.africana

海牛的一种，在水族箱内没有它们喜欢吃的海绵（除此以外它还吃许多其他的食物），所以不容易长期饲养。●全长：4cm ●栖息地：日本海南部

水母
Cassiopea sp.

倒着游泳，会用具有吸盘功能的伞的表面部分吸附在玻璃表面。身体结实，任何人都可以饲养。体内有共生藻。●伞的直径：20cm ●栖息地：印度洋、太平洋西部

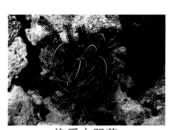

许氏大羽花
Comanthina schlegeli

对水质十分敏感，非常难饲养。状态不好的时候，全身就会破碎死亡。●全长：15cm ●栖息地：纪伊半岛以南

刺冠海胆
Diadema setosum

有很多长刺的海胆。一旦刺入人的身体，就会在人体内折断，即使是成人也会疼得流出眼泪。吃海藻。●壳径：9cm ●栖息地：房总半岛以南

徜徉在茂密海藻中的蝴蝶鱼幼鱼

海藻
Marine Plants

　　如果想给水族箱内增添一些绿色，那么海藻是最佳材料。海水鱼中也有不少品种，觉得海藻很美味，以海藻为食的，所以海藻并不适合和所有的海水鱼一起饲养。但是以小型海水鱼和珊瑚为主的水族箱，还是可以饲养一些绿色的海藻来释放身心的。但是，海藻如果过于茂密，就会导致喜阳性珊瑚的光照不足。这一点需要特别加以注意。

千羽鹤
Caurelpa prolifera
叶子细长、扁平。根部扎在岩石上。海藻的叶子、茎，全身的各个部位都可以吸收成长所必需的养分。●栖息地：太平洋、印度洋

总状蕨藻

Caulerpa racemosa var.

带有球状叶的海藻。如果生长速度快，饲养条件好，就可以立刻在水族箱内繁殖开来。在强照明下会生长茂密，但是在弱照明下生长速度会有所减缓。●栖息地：冲绳以南

海藻的一种

Caurelpa sp.

外形与鸟的羽毛十分相像，一般被当做羽毛形海藻。这种海藻是最常见的进口品种，易饲养。有很多商店都是出售自家种植的品种。●栖息地：太平洋、印度洋

羽毛藻

Caulerpa sertulariodes

像鸟的羽毛一样的海藻。易饲养，环境发生变化后容易萎缩。喜欢强照明。●栖息地：印度洋、太平洋西部

鹿角藻

Caulerpa serrulata var.boryana

扭纹藻的变种，叶片平滑不扭曲。属于比较容易栽培的品种。茂密繁殖的时候，可以营造出浓密的水中植物景观。●栖息地：冲绳以南

大叶仙掌藻
Halimeda macroloba

属于进口频率较高的仙人掌类水草。饲养环境需要有较强的照明。这一族的海藻生长速度较慢，所以可以和珊瑚造景同时使用。●栖息地：冲绳以南

葡萄藻
Caulerpa lentillfera

它的叶子就好像葡萄的果实一样。属于海藻的一种，但是比其他海藻易栽培。对水质的恶化稍有抵抗力。●栖息地：太平洋、印度洋

厚节仙掌藻
Halimeda incrassata

经常进口的仙人掌海草品种。饲养环境需要有强照明。在海藻中属于生长比较缓慢的品种，因此可以与珊瑚造景同时使用。●栖息地：冲绳以南

帚状绿毛藻
Chlorodesmis fastigiata

有细小的毛刷状的繁茂枝叶。生长在岩石上，从印度尼西亚进口。饲养环境需要强照明。●栖息地：印度洋、太平洋西部

锯叶蕨藻
Caulerpa brachypus

比海藻千羽鹤小1/3的海藻。在日本很少见，但是在德国的海水鱼商店里非常普及。●栖息地：冲绳以南

小叶蕨藻
Caulerpa peltata var. nummularia

被认为是盾叶蕨藻的变种。小小的伞状叶片与枝干连在一起，如果环境恶化会在一夜之间迅速枯萎。●栖息地：冲绳以南

柏叶蕨藻
Caulerpa cupuressoides

树叶像小锯齿一样生长在茎上。易栽培，但是和其他海藻一样，一旦环境发生变化就会立刻枯萎。●栖息地：冲绳以南

扭纹藻
Caulerpa serrulata var. serrulata

在茎上扭曲生长着小小的锯齿状的突起，但是，在水族箱内栽培，可能是由于照明不是很强烈，所以它的扭曲也并不是很明显，很难和鹿角藻区分。●栖息地：冲绳以南

红藻的一种
Carpopeltis sp.

图中是从生物石自然派生出的一种红藻。在饲养了很多的无脊椎动物的水族箱内，会意外地发现它的身影，并能茁壮成长。●栖息地：印度洋、太平洋西部

拳头藻
Codium pugniforme
外形很像人的拳头的海藻。固定生长在岩石上的品种，时有进口。适合在明亮的环境下饲养。●栖息地：太平洋

粗硬毛藻
Chaetomorpha crassa
枝叶呈线状互相纠结在一起，易栽培，十分结实。适合生活在比较明亮的环境中。●栖息地：温带、热带地区

总状蕨藻棒状变种
Caulerpa racemosa var.laetevirens
属于比较大型的海藻。因它的叶子像总状蕨藻棒状变种而得名。容易栽培。经常从印度尼西亚进口。●栖息地：冲绳以南

腔刺龟甲藻
Dictyospha versluysii
因其外观与龟甲相似而得名。属于平时不怎么进口的品种。●栖息地：太平洋西部

绒毛蕨藻
Caulerpa webbiana f. tomentella
在热带鱼水族箱内比较常见，外形很像莫斯藻的海藻。茂密的时候就好像覆盖住整个岩石一样。要想保持它的美丽外观，就得定期做一些清理工作。●栖息地：本州中部以南

珊瑚藻的一种
Corallina sp.
生长在生物石上的海藻。身体内含有石灰质，一旦枯萎体内的石灰质就会出现，身体变成白色。在明亮的环境下可以茁壮成长。●栖息地：印度洋、太平洋西部

锯叶蕨藻
Caurelpa brachypus
拥有扁平的宽大叶片。属于海藻的一种。叶片呈美丽的绿色，如果水质恶化会在一夜之间枯萎。需要注意经常保持水质清洁。●栖息地：太平洋、印度洋

环蠕藻
Neomeris annulata
附着在珊瑚石上，叶子呈棒状。●栖息地：印度洋、太平洋

盾叶蕨藻
Caulerpa peltata var. peltata
此海藻为直立茎，叶子呈杯状。它的叶子的形状像高脚杯，因此而得名。●栖息地：本州中部以南

长叶蕨藻
Caulerpa mexicana
分布在加勒比海等地。从美国有进口但是流通量较小。叶片像羽毛，比羽毛藻更粗。●栖息地：墨西哥湾、加勒比海

第三章

海水鱼的饲养

海水鱼的饲养方法基本上与淡水热带鱼的饲养方法相同，但是海水鱼确实还是有很多自己独特的习性。但是，只要掌握了几个要点，饲养海水鱼就绝对不是一件难事。就请您拿出勇气，开始挑战饲养海水鱼吧。

应用观赏室内的灯光，海水鱼水族箱的观赏性会变得更强。

海水鱼水族箱

现在就介绍一些海水鱼爱好者的水族箱的设置实例，供大家参考。看了这些设置实例以后，大家应该能对自己究竟想要什么样的水族箱有一个初步的了解，或者看了照片以后就会找到自己想要的那一款。

在新设置海水鱼水族箱的时候，根据您的预算，可实现的水族箱的规模、内容也不同，因此在以下的部分我们会尽可能多地介绍一些水族箱的设置实例。其中也包括了花费昂贵的大型水族箱，对于这样的设置实例，不妨把它当做是自己今后的奋斗目标来欣赏。

一般来说，用水族箱饲养海水鱼和海水无脊椎动物是有着捕获人心的魔力的，一旦热衷于此，有很多人就会忍不住给自己的水族箱不停地升级换代。

水族箱内可收容的鱼的数量，并不是根据水族箱的数量来决定的，而是由水族箱内的水量来决定的。如果你觉得自己会有想买好几个水族箱的冲动，可以在一开始就选择比较大型的水族箱。和同时有好几个小水族箱相比，还是只有一个大水族箱管理起来更方便。

整个嵌在墙壁内的海水鱼水族箱。在新建或者改建的时候，可以选择这样简洁的设置方式。

完全嵌在墙壁里的水族箱。水族箱的后面是一个小的房间，便于水族箱的管理。

在水族箱上方吊起荧光灯，增强水族箱内的照明，可以保证喜阳性珊瑚的茁壮成长。很多喜阳性珊瑚的爱好者都是通过这样的方法进行水族箱设置的。

强调金属灯具的照明效果，饲养喜阳性珊瑚的水族箱。水族箱没有金属边框，全玻璃制成。

使用荧光灯照明的海水鱼水族箱。

最常见的海水鱼水族箱。水族箱的底部是一个大的落地式过滤器，采用荧光灯照明。

从各种各样的海水鱼专卖店收集了不同材料自行设计的水族箱，因此具体尺寸都可以根据需要制作。

饲养红海产的蝴蝶鱼的落地式海水鱼水族箱。图中的水族箱把比较碍眼的落地式过滤器的一部分隐藏了起来，追求设计上的美感显然是每一个海水鱼爱好者追求的目标。

很美的海水鱼水族箱，甚至已经成为了室内装饰的一部分，设计一流。

从室内设计的开始阶段就已经进行了充分设计的海水鱼水族箱。在住宅新建或者改造的时候，是实现这一梦想的最佳时机。另外在日本，水族箱的设备费用，可以使用住宅贷款来完成，所以有很多爱好者都在住宅新建的时候来完成自己的梦想。

宽度为60cm左右的海水鱼水族箱。因为体积较小，所以水量较少，水质很容易恶化。因此，越是小型的水族箱，越需要较高的饲养技术。

采用蛋白分离器作为主要过滤装置的柏林过滤法的海水鱼水族箱。水族箱内有很多生物石，也有助于保持水质稳定。

房屋建成后在起居室与厨房内新设置的水族箱，水族箱周围也选用了同样的木材做贴面，保持了和周围环境的统一性。

设置在饭店内的大型海水鱼水族箱，打开水族箱下设置的多宝格，就能看到里面的大型过滤装置。

在一组山形的岩石上饲养了各种各样美丽的无脊椎动物的海水鱼水族箱。

海水鱼水族箱的造景

　　在饲养了很多种海水鱼的水族箱内，使用珊瑚礁或者活珊瑚等无脊椎动物打造一个美丽的海水鱼饲养世界，也是饲养海水鱼的乐趣之一。有些鱼猛烈地攻击珊瑚和海藻以它们为食，也有一些鱼会挖开底沙，弄塌精心布置的岩石群，所以无论是什么样的水族箱都不能以无脊椎动物为中心进行造景。但是，只要稍微下一些工夫，花一些心思，即使是只用珊瑚礁或装饰性珊瑚，也能够和各种海水鱼组合出一个非常美丽的水中世界。水族箱的造景在很大程度上受制作人的审美影响，是一项非常有创造性的工作。

各种各样的海水鱼畅游在由珊瑚礁打造而成的简单的岩石组中。

由两个山形的岩石组和各种无脊椎动物打造而成的海水鱼水族箱。鱼的数量比较少。

茂密的海藻中，放置了几条精心选出的海水鱼。

放置了很多人气极高的大花脑珊瑚的水族箱。

徜徉在茂密的海藻中的海水鱼。

以大型鸡冠海藻为中心设计的水族箱。通过立体感极强的岩石组合营造出了自然氛围。

为了欣赏小丑鱼独特的繁衍方式，只饲养了一对小丑鱼，水族箱以无脊椎动物为主造景。在造景的时候，如果能够围绕着一个主题进行设计则会十分有趣。

这一水族箱以喜阴性珊瑚（不需要日光照射就可以自由成长的珊瑚）为主，进行无脊椎动物造景，造景水平相当高。

漫步在红色珊瑚上的箭蟹。饲养无脊椎动物的水族箱，无法饲养大型的海水鱼，因此可以饲养一些小生物。把脸凑近水族箱仔细观察这些小生物，可以尽情地享受海洋生物带来的乐趣。

彩螯清洁虾

花立珊瑚

炮仗王珊瑚

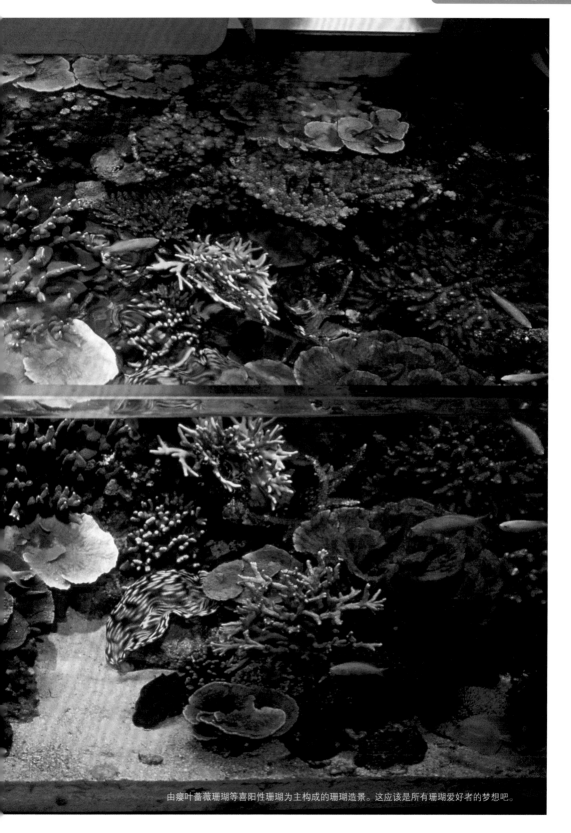

由瘦叶蔷薇珊瑚等喜阳性珊瑚为主构成的珊瑚造景。这应该是所有珊瑚爱好者的梦想吧。

海水鱼水族箱的设置

在商店里，不仅可以买到海水鱼水族箱，还可以买到原创搁架等设置用具。即使是一个小型水族箱，使用了这样的原创搁架也会显得上一个档次，变成很有设计感的艺术品。

这次的设置除了金属架以外大概需要1～3万日元，加上金属架大概需要3～5万日元。看一下设置好的效果图您就会发现真的是物有所值。

无论水族箱的大小，根据房间的空间，通过设计使水族箱呈现出高级感也是乐趣之一。

水族箱造景可以通过生物石营造出立体感。放上一对人气很高的小丑鱼，海葵原则上应该选择和小丑鱼比较搭配的地毯海葵和地毯海葵珊瑚，但是由于照明不足，最后还是选择了比较结实、流行的夏威夷海葵。

这样大小的水族箱，即使放上搁架也不会占用很大的空间，还可以根据房间的布局进行各种各样的设计，这也是海水鱼水族箱的魅力之一。

面积为30cm×30cm的小型水族箱用搁架。打开搁架门可以放置小型的外置式电动过滤器。

设置水族箱。选用长宽为30cm高为40cm的水族箱，事先用水清洁。

洗净水族箱后铺设珊瑚砂，为了保证珊瑚的喜阴性可以铺设得厚一些，厚度在10~15cm。

设置好过滤器后就可以把过滤器的本体放在搁架内，注意调节蛇皮管的长度不要弯折。

将事先调配好的人工海水放入水族箱内。按照现有水族箱的大小大概需要35L左右的海水。

为了将水注入过滤器，打开喷淋管的连接部分，用力向里吹气，注意不要把人工海水喝到肚子里。

开动过滤器，放入生物石开始造景。在这一阶段就可以安装保温器具了。

布置好海藻。考虑到水族箱的高度，使用仙人掌草进行立体造景。

放入小丑鱼。已经在水族箱内放置了海葵，所以不需要再投放鱼药。需要精心栽培。

安装照明设施后完成。看着高高兴兴游泳的小丑鱼，房间的氛围也变得欢快多了。

十分受欢迎的小丑鱼与海葵的组合。它们可爱的样子十分动人。

海水鱼水族箱的设置要点

　　设置完水族箱后1～2周的时间，水就会变得完全清澈。这个时候也就可以放入海水鱼了。在海水鱼商店买回海水鱼，也想尽早地让它们在里面游泳吧。但是再稍等一下，还有一件必须要完成的事情，那就是调节水温。

放入海水鱼之前的准备工作

　　从商店里买回的海水鱼大多放在系好的塑料袋里，袋子里面有足够的空气。如果打开袋子就立刻把鱼放入水族箱内，由于水温和水质的差异，很容易对鱼造成损伤，使它们罹患疾病。最糟糕的时候，还会导致死亡。为了避免这些问题，需要事先把装有海水鱼的塑料袋放在水族箱内，让它在水面上最少漂浮半个小时。这样，装鱼的塑料袋的水温应该与水族箱的水温一致了，鱼就不会因为水温不同而受到损害了。

买回海水鱼后，先在水族箱内漂浮 30 分钟！

　　30分钟后打开袋子，不要立刻把鱼放进去，而是慢慢地让水族箱内的水漫到塑料袋里，大约5分钟后，塑料袋就装满了海水。这样塑料袋里的水质（pH值）就会与水族箱内的水质保持一致，鱼也就不会由于水质变化而受到打击了。另外，把鱼放到水族箱内的时候，也容易带进去一些海藻，需要注意。

确认水温设置

　　第一次把海水鱼放入水族箱中后，需要重新设置水温。电子水温调节器的旋钮装置，虽然能够让人轻松地设置温度，但是也很容易在不注意的时候触碰到，改变水温。

电子水温调节器的水温设置旋钮一经碰触容易移动，比较危险！

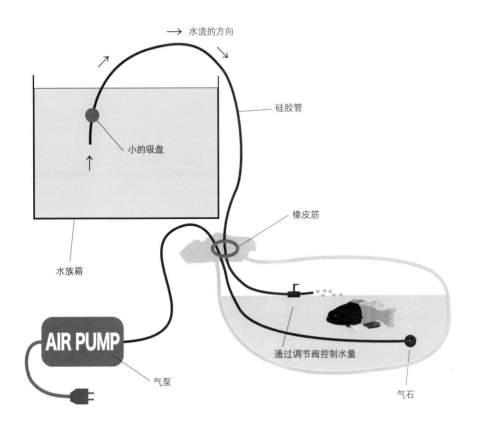

水流的方向

硅胶管

小的吸盘

橡皮筋

水族箱

AIR PUMP

通过调节阀控制水量

气泵

气石

娇气的海洋生物放到水族箱内时要更慎重

把一些娇气的小型鱼、缸鱼等对水质比较敏感的生物放入水族箱的时候，需要选择比左页介绍的更加慎重的方法。

首先，先在水面上漂浮30分钟，使其适应水温。接下来，慢慢地松开塑料袋上的橡皮筋，打开一点点小口，注意不要让里面的鱼跃出袋子。把换气管

（另一头与气石连接，可以避免使水中pH值发生强烈变化）和调配水质用的管子（管子上有调整水流大小用的小阀门）一起放到塑料袋里，通过调配水质用管将水族箱内的水缓缓地送到塑料袋中，这样就可以避免水温差与水质差（pH值与硬度差异）。这一程序最好持续1

小时。为了更加慎重起见，可以把装满水的塑料袋里的水倒掉一半，然后再重复上述程序（从水族箱内往塑料袋里加水）2～3次。

183

海水鱼的饲养用具

水族箱

有两种代表用具，塑料水族箱和玻璃水族箱。塑料水族箱结实不易碎，而且与玻璃水族箱相比价格便宜，但是水族箱表面容易划伤。与之相比玻璃水族箱就强多了，可以长期保持水族箱的透明性，不过玻璃的材质易碎，也比塑料水族箱贵很多。

过滤系统

过滤方法有很多，基本上根据饲养品种的需要选择就可以了，但是有一点，饲养海水鱼不适合使用外部过滤器，原因是，海水很难溶解氧气，而外部过滤器属于密封式过滤器，很难保证水族箱内部氧气充足。如果使用外部过滤器，一定要进行充分的换气。只要能够保证氧气充足，也能够用于海水鱼饲养。

海水鱼饲养用的底部过滤器

可以在水族箱底部作为过滤面使用，因此可以大大地确保过滤面积，声音也很小，但是海水鱼容易因此罹患白点病，初学者难以把握，所以最好避免使用。

顶部过滤器

现在销售的顶部过滤器大多过滤面积小，但是用于海水饲养的过滤器多能确保一定的过滤面积。选择顶部过滤器的时候，最好选择可以保证过滤面积的产品。

水中过滤器

设置在水中，因此噪音小，价格便宜，但是过滤面积小，大多数产品都不适合用来做海水鱼水族箱的主过滤器。不过，可以作为协助水族箱内部循环的过滤器——辅助过滤器使用，来充分发挥它的功效，并不是以过滤为目的，而是作为制造水族箱内水流的方法来使用。

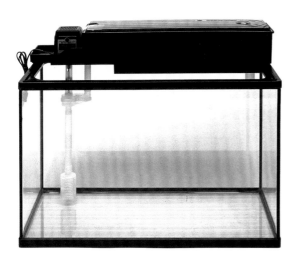

各种玻璃制水族箱

玻璃制水族箱的规格从30cm到180cm不等（根据生产厂家不同）。玻璃水族箱的好处是不容易划伤，但是和塑料的比起来有重量大、价格高、易碎等缺点。如果特殊定制还可以定到3m左右的水族箱。

玻璃制60cm水族箱

饲养观赏鱼最常选择的规格（标准品）。水族箱的尺寸宽60cm、深30cm、高36cm。水族箱上放置的是最流行的过滤器——顶部过滤器。再安置好其他的保温器具就可以开始饲养海水鱼了。但是如果预算允许，最好使用75～90cm的玻璃水族箱，更便于水质管理，适合海水鱼初学者使用。

塑料水族箱

水中设置式带泵过滤器

固定在水族箱内的带泵过滤器，也可以作为辅助过滤器使用。

顶部过滤器

最受欢迎的带泵过滤器。放在水族箱顶部使用，会影响照明效果。

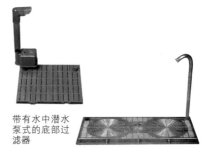

带有水中潜水泵式的底部过滤器

普通的底部过滤器

底部过滤器

放在水族箱底部，在上面铺上沙砾，属于最古典的过滤器。把整个水族箱底部当做过滤器，可以提高过滤能力，但是需要定期进行大扫除。

海水鱼饲养所用的过滤系统

外挂式过滤器

易打扫、设置简单、易保养。但是与顶部过滤器和外部过滤器相比，过滤面积小，噪音稍大。在水面排水可以形成水流。在小型的水族箱内也可以当做主过滤器使用，但是想要做到既安全又放心，那么还是把它当做辅助过滤器吧。

外部电动过滤器

密封的过滤器，因此与其他过滤器相比不容易溶解氧气。但是也正因为是密封式的过滤器，所以和其他过滤器相比难以打扫。没有什么噪音，过滤面积也比较大，可以选择与水族箱搭配的尺寸，或者选择比水族箱稍微大一些的外部过滤器作为主过滤器。

落地式过滤器

落地式过滤器可以满足很大面积的过滤能力，在过滤质量上让人放心，可作为主过滤器充分使用。另外，日常维护时的清洁也十分方便。但是和其他过滤器相比，有噪音而且价格昂贵。

从构造来讲，在水族箱的底部有一个开口，水族箱里的水从开口处接上管子流到过滤器内，大型的过滤槽设置在水族箱的底部进行过滤。水族箱里的水流到过滤槽内，再由泵将过滤好的水抽回到水族箱内。

现在出售时大多是过滤槽和过滤槽的柜子一同出售，都是把过滤槽放在水族箱底部。饲养大多数的海水鱼和无脊椎动物时均推荐此品种，但是购买这种过滤器相当于置办两个大型的水族箱，初期投入的资金比较巨大。

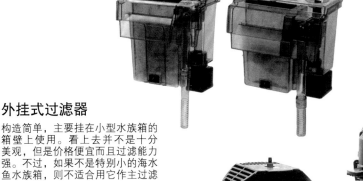

外挂式过滤器

构造简单，主要挂在小型水族箱的箱壁上使用。看上去并不是十分美观，但是价格便宜而且过滤能力强。不过，如果不是特别小的海水鱼水族箱，则不适合用它作主过滤器。

外部电动过滤器

完全的密封式过滤器，通过水管与泵把水从水族箱内吸出。过滤能力强但是不易释放水中的二氧化碳，因此适合水草水族箱使用。

落地式过滤器（大型过滤槽）

设置在水族箱底部的过滤器，为了进行过滤需要大量的过滤材料，是过滤能力最强的过滤槽。一般来说，这种过滤槽大多是和水族箱一起从商店成套定制。先买水族箱后配置过滤槽比较困难。要想安放这种大型过滤器需要事先向水族品商店咨询一下。

柏林过滤法

据说是最自然的过滤方法，在水族箱内再现了大自然的过滤系统。总而言之，就是不设置过滤槽，所有的过滤工作都在水族箱内完成。柏林过滤法比普通的过滤方法需要饲养者掌握更多的知识，因此适合高级爱好者使用。

柏林过滤法不设置过滤槽，而是用蛋白分离器代替。通过蛋白分离器取出水族箱内的有机物，在无法彻底去除的时候就需要设置生物石，有附着在珊瑚石上的好氧性细菌把有机物分解成硝酸盐，分解后的硝酸盐再由厌氧性细菌分解成氮气，最终释放到大气中。

使用这种方式饲养，不会在水族箱内积蓄大量的硝酸盐，也就是说，可以不用换水就完成饲养工作，十分方便。但是，采用这种方式无法同时饲养很多的鱼。

摩纳哥过滤法

与柏林过滤法相同，也是自然过滤法之一。不仅仅适用于好氧菌，同时也让厌氧菌参与到过滤工作中。与柏林法相同，也只适合高级爱好者使用。

水族箱底部放上打孔板和簧户木形状的板子，做出止水水域，然后再铺上10cm以上的珊瑚砂。这层底砂可以隔离好氧菌和厌氧菌，另外制作出止水水域，可以使厌氧菌也参加到还原反应中进行过滤。

摩纳哥过滤法的过滤能力与柏林法相同，都不太高，所以不适合在以饲养鱼为主的水族箱内使用。另外，摩纳哥过滤法铺设了底砂，等到所有的细菌安定下来需要花费很长的时间，整个过滤周期也很长，所以需要到一定熟练程度的人才可以设置。

蛋白分离器

对于那些饲养不好海水鱼而改为饲养无脊椎动物的爱好者来说，它无疑是最好的帮手。所谓的蛋白分离器，简单说来，就是在蛋白分离器内制造出细微的泡沫，然后利用水族箱内不需要的蛋白质都附着在水和空气的交界面的特性，以气泡的形式将它们排出水面。这种过滤方法是把微生物附着在表面上进行过滤的方法，也就是定期地将发生生物过滤法（把氮分解为有机物）之前的有害

物从水族箱内排除的器具。

蛋白分离器分为气木式和潜水泵式两种。究竟哪种更好根据饲养方式和个人喜好而有不同，气木式使用的是木石，细小的小孔极易被堵住，从性能而言潜水泵式的更有效，但是气木式大多价位适中，比较便宜。潜水泵式的噪音较大，价格也高，而耐久性更好。

在水族箱内饲养海水鱼和其他生物的时候，必须要随时保证水族箱内的水质良好。水质一旦发生恶化，鱼和其他生物就无法生存。为了保证水质清洁而特意设置了过滤器和过滤槽。可以通过物理过滤法去掉肉眼可见的大型垃圾，通过生物过滤法将水中的氮分解为亚硝酸和硝酸盐。最终留在水中的硝酸盐不断积累，虽然硝酸盐无害，但是积累得过多也会对生物产生影响。取出这种硝酸盐的主要手段是换水，但是使用了蛋白分离器后，能够把分解成硝酸盐之前的有机物除掉，所以大大减少了换水的频率。

蛋白分离器是非常有用的工具，但是在饲养珊瑚的时候需要特别加以注意。它在工作

蛋白分离器

时不仅会排除有机物，同时也会把珊瑚生长所需的微量元素排出。所以，使用蛋白分离器饲养珊瑚的时候需要使用微量元素添加剂。但是，天然海水中所含有的微量元素尚未被人们完全掌握，因此并不意味着可以完全不换水，我们还需要通过换水来补全一部分珊瑚生长所必需的微量元素（当然换水频率比不使用蛋白分离器的时候要低一些）。另外购买时如果经济宽裕的话，可以不必选择与水族箱尺寸正好匹配的产品，而是选择一些比水族箱稍微大一些的产品。饲养珊瑚时，最好在了解蛋白分离器的性能后再做出购买决定。

各种过滤材料

过滤材料是指放在过滤槽中用来繁殖有过滤作用的细菌的繁殖床，各个水族箱相关产品厂家提供的过滤材料也多种多样。最常见的是剪成小小的环状的过滤材料。其中最有名的是一种新型化学过滤材料。价格相当贵，但是过滤效果很好，有许多热带鱼爱好者都喜欢使用它。在海水鱼水族箱内最常见的还是珊瑚沙，价格低廉性能优越。

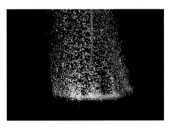

圆盘状气泡石

从扁平的圆盘状气泡石释放出许多小气泡。这样的气泡石吹出的小气泡，有的时候会像龙卷风一样拧在一起，很有趣，是很好的装饰品。

水中泵

在水族箱内制造水流时使用的产品。加上海绵过滤器，就可以作为辅助泵使用。

棒状气泡石

短棒状气泡石。释放气泡部分是陶瓷制成的，据说比普通的气泡石的耐久性要好。

过滤材料

现在市场上的过滤材料有很多，大体上分为两种：生物过滤材料（用来繁殖细菌，使细菌充分附着在材料上，分解饲养过程中的有害物质）和物理过滤材料（通过物理方法处理掉污物的材料）。这两种过滤材料使用哪一种更好，都有各自的说法，但是最重要的是，只能根据生物的数量与所产生的粪便、氮、鱼饵的量的比例来确定细菌数量。

一旦开始饲养海水鱼，就会出现由于自然繁殖或者个人喜好购买新品种而产生的饲养个体数量增加，可以按照现有的饲养数量，再加上未来可能会增加的个体数量来购买生物过滤材料。生物过滤材料的比例一旦确定下来，就可以考虑物理过滤材料的购买数量了。如果物理过滤材料不足，也可以使用辅助过滤器来帮忙。

空气泵、扩散器

在水族箱内的氧气事关到水族箱内生物的生命，因此细菌也显得格外重要。海水因为不易溶解氧气，所以为了确保有充分的氧气，就需要使用非常细致的换气系统和扩散器。空气泵的噪音很强，扩散器相当于把水族箱内的空气进行扩散的扩散装置，只要把它放在外部过滤器的排水装置旁边，就可以扩散更多的空气，另外采用专门的设置方法，空气泵会噪音更小运行更稳定。由此就可以解决使用外部过滤器时产生的特有的氧气不足的问题。

水族箱用荧光灯

60cm水族箱用的荧光灯有两种，使用1根灯管的和2根灯管的。2根灯管的照明效果是1根灯管的两倍，适用于水草造景水族箱。在没有设置顶部过滤器的60cm水族箱内，需要两个2根灯管的荧光灯，总瓦数可以达到20wX2X2=80W。

4灯式水族箱用荧光灯

ADA公司出售的4根灯管的水族箱用荧光灯，由于荧光灯散发的热量容易使灯管表面变得模糊不清，为了防止这一现象，特意安装了电动风扇。另外，还可以根据需要只亮2根灯管，设计时考虑比较周到，使用方便。

金属照明灯

用于需要强照明才能生长的珊瑚的照明，主要在饲养海水热带鱼时使用。热带鱼的世界里大多用于大型水族箱。

24小时计时器

一般的电器店有出售的商品。在热带鱼水族箱内主要用于调节照明时间。另外，为了防止苔藓的繁殖，水草造景水族箱的照明时间最好控制在8～10小时。

照明

饲养海水鱼并不意味着一定需要照明，但是从保证水族箱内的生物规律、规则地生活，也就是健康地生活的角度来说，照明是非常重要的。另外在观赏的时候照明也起到了很重要的作用。照明器具的种类很多，并没有明确规定必须使用哪一种产品，如果想使海水鱼看上去更美，则需要选择与水族箱尺寸配套的照明系统，为了更好地营造出海水的气氛，还可以使用蓝白色荧光灯。

另外还有红色系的珊瑚，在卤素灯和补正照明的作用下也显得十分美丽。珊瑚水族箱内的好日性珊瑚和扇砗磲等需要在光合作用下生活的生物，以及鹿角珊瑚，则必须在强照明的环境下生存，必须使用强照明的金属照明灯。

这种金属照明灯也是水银灯的一种，体积小但是发出的光却是荧光灯的10倍以上。金属照明的作用起到了相当于热带地区所特有的日照的作用。金属照明灯的照明效果好，所以即使是非常小的金属照明灯，在水族商店的价格也十分的昂贵，当然光线也十分强烈，因此它的耗电量也比普通灯大，而且为了维持光照的强度，一年就得换一次灯泡，维护费用也十分高，在购买之前最好充分考虑到上述的维护费用后再做决定。

海水

　　饲养海水鱼时，海水自然是不可或缺的，海水大体可分为人工海水和天然海水两种。人工海水由销售商分析、人工调成，其成分接近于自然海水，使用时只要将商品（大多呈粉末状）撒入水中就可以了。天然海水是将采集好的天然海水充分杀菌后出售的产品，大多可以直接使用。人工海水虽然还是敌不过天然的海水，但是因为容易购买，使用方法简单，还是有很多人使用。人工海水有很多种，根据饲养方式（价格、溶解程度、使用后鱼的状态等）来选择比较好。制作人工海水的时候，需要用水桶做好后倒入水族箱内，最好使用专用水桶。

加热器和温度调节器

　　冬季饲养海水鱼的时候，需要使用加热器营造出适合海水鱼生活的环境（水温）。而且，春秋和初夏季节如果不使用加热器，水温也很难满足海水鱼的需求。哪怕水温只有1~2℃的偏差，海水鱼也很容易罹患白点病，因此必须要设置加热器，最重要的是要选择可以由饲养者本人亲自设置水温的加热器。

　　有的加热器只凭加热器主体就可以保持水温恒定，但是还是最好加上温度调节器（可以由饲养者亲自设置水温）。另外，市面上出售的加热器，可加热的水的容积都是事先规定好的，根据水族箱的大小（容积），配备合适的加热器。如果是大型水族箱，使用市场上销售的一个加热器是无法满足需求的，必须买上数个，根据水的容量来决定使用的个数。如果可能的话，不要买刚刚好的数量，最好能够多买一些。否则，一旦发生故障，在出去购买备品的时间内，水族箱中的海水鱼可能就会因为水温变化而生病，因此应当事先做好预防措施。另外，大多数的热水器材料都是橡胶，所以使用起来容易老化，需要定期通电确认其工作状况。

自动加热器

把加热器和温度控制器合为一体的产品。分为两种，一种是把温度固定设置在26℃的自动加热器，还有一种可以调节设置温度。防水，可以直接放在水族箱里。

电子温度控制器和加热器

左图是电子温度控制器与加热器连在一起不可分离式的，右图是加热器和电子温度控制器可分离式的。左侧产品如果加热器坏掉了就不得不全部换新的。

电子温度控制器

人们公认电子温度控制器比传统的机械式的仪表控制器要准确得多。但是，并不能保证毫无故障地运行，最好不要过于依赖此产品，以减少失败。

水盆

在洗涤沙砾、处理水草时使用的道具。直径为50~60cm，越大越方便。但是收纳不太方便。

塑料箱

小型塑料容器，通常用来装小虫子。一般需要备2~3个。

其他必备的饲养工具

水桶、水盆

用来装废水、制造海水的工具，有些水桶本身还带有刻度。如果没有刻度，可以自行做上标记，排废水和换水的时候都很方便。最好选择比预计容量大的水桶，因为在搬运的时候小水桶容易洒水，收拾起来很麻烦。另外最好选择有提手的水桶，搬运方便耐久性好。

塑料箱

用来装少量的饲养用水，或者放着装水使用，十分方便。

量杯

在制作人工海水的时候，可以使用专用的计量工具，但是没有专业工具的时候还是准备好一个量杯比较方便。

毛巾或者浴巾

换水和扫除的时候都会用得上。换水时把浴巾铺在地面上，以防万一发生什么意外。另外，和量杯一样，饲养海水鱼的时候，这两种都是脏了稍微洗一下就可以用的便利工具。

塑料箱、隔离箱、药浴容器

在海水鱼生病的时候，这些小箱子可以当做小型的水族箱使用，或者海水鱼发生争斗的时候当做一个合理的避难所，也可以用来当做捞鱼的工具，十分方便。

水族箱用风扇和空调

刚才介绍的是如何在寒冷的冬季管理水族箱内的温度，大多是通过加热器和温度调节器进行保温，接下来介绍如何应对夏季高温的措施。遇到夏季异常高温天气导致水温升高，到了海水鱼所能承受的临界点，就需要采取一些措施。降低水温的方法大体分为两种，一种是利用风扇，一种是空调。

风扇，就是用于小型水族箱的电风扇。它可以像电风扇一样吹风，当风吹到水面就会引起汽化热（通过水分的蒸发带走热量）降低水温。如果是淡水的热带鱼使用风扇，即使水温降低一些也还可以承受，并不一定需要安装风扇温度调节器，但是饲养海水鱼时如果水温降得过低，引发白点病的危险性就会增加，所以必须使用风扇温度调节器以便把水温维持在较正常的范围。

风扇适用于小型水族箱，大型水族箱则适合使用空调。空调是指通过内部循环降低水温的水族箱专用空调，与家用空调的构造不同，把冷却部分和废热部分做在一起可以保证适合海水鱼生存的水温，但是水族箱用的空调排出的废热会导致室温增高，所以要考虑到废热因素然后再购买。

比重计

使用人工海水的时候，需要使用比重计将人造海水的比重调节到与自然界的海水相吻合。自然界的海水比重为1.020～1.023。为了保证水族箱内的海水浓度正确，推荐使用比重计。比重计的种类有两种，液体比重计和浮式比重计。液体比重计测量比重的精确度较高，推荐追求精确度的爱好者使用。比重计的产品质量也是参差不齐，建议使用与生产人工海水的同一厂家出产的比重计。

水温计

饲养海水鱼后，温度就变得非常的重要。对于生活在温暖的海水中的热带鱼来说，水温决定了它们的生死，这话可是一点也不过分。水温计分为两种（水银式和电子式），最好使用可以精确到0.1℃的电子式水温计。根据种类不同，电子式水温计中还有可以记录水族箱最高温度和最低温度的功能，可根据您的需要选购。

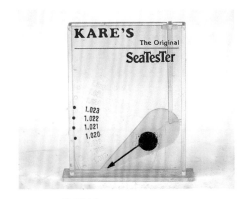

比重计
可以简单测量海水的比重的工具。
海水鱼水族箱爱好者的常备品。

为了维持海水鱼的健康状态，需要保持正确的海水比重。

生物石

生物石是指死去的硬珊瑚（有骨骼的珊瑚）的遗骸，有一些细菌或者微生物寄居在上面。在浅海的天然石头很容易和生物石混淆，但是在水族箱内使用的生物石，只能是珊瑚骨骼的多孔质物体，购买的时候需要注意。近年来，网购已经蔚然成风，商品种类十分丰富，生物石也可以通过网络买到，但是在运输途中很容易导致生物石的生物死亡，所以在选择商店的时候务必慎重，考虑到上述因素后再做决定。

生物石

另外，在将生物石放入水族箱之前，要注意那些散发着恶臭的生物石。可以先在水桶内放上几天，用换气扇对着它猛吹，然后再放入水族箱内比较好，所以在购买的时候要先问问商店是否做过上述处理。偶尔在生物石内也会混有其他对鱼有害的生物（蟹、口虾蛄）。要是不想要它们就要事先做好驱除工作。

根据生物石的状态（品质），上述工作的效果也会不同。附着海藻的生物石中，最好选择附着石灰藻（紫色海藻）的生物石。在挑选的时候这个可以当做一个重要参考指标。

生物石的构造大多是多孔质有厌氧层，具有除氮、过滤的功效。也有利用这一功效而进行的柏林过滤法等被称为自然系统的饲养技术的升级饲养方法，尤其是在自然系统的饲养中，生物石是不可或缺的道具。

但是，海洋生物的饲养是否一定离不开生物石呢？其实不然。虽说它有着与在自然界相同的净化功效，但也仅限于水族箱内。它在自然界的海洋中的存在比例，与它在水族箱内的所占比例是不可同日而语的。在饲养珊瑚的时候除了构建自然系统以外，基本上负面作用比较大。

主要是海水鱼在罹患了需要使用硫酸铜治疗的疾病时，就会全部杀掉寄居在生物石上的微生物和细菌，因而导致水质恶化，由于水质的恶化会导致疾病扩散，于是就拉开了一个恶性循环的序幕。如果仅仅是凭着"生物石可以净化水族箱"这一点知识就盲目地使用生物石，很可能会带给你一个不健全的水族箱。但是，无论如何都想用它造景的时候，最好事先杀死上面的细菌和微生物，只把它当做一块普通的石头使用。对于知识和经验都比较欠缺的爱好者，最好先进行一番学习以后再导入生物石，这样可以避免无谓的投资。

触手全部张开的群体珊瑚

杀菌用品

杀菌灯

光线种类有X线、紫外线、可视光线、红外线等，各个光线都有自己的波长，我们人类能看到的就是可视光。另外，紫外线根据波长可分为UV–C、UV–B、UV–A三种，杀死病原菌的波长为UV–C中的253.7nm。

市场上销售的主流杀菌灯产品都是筒状的，饲养用水在这一筒状部分的位置不断循环，直接接受紫外线的照射，就可以杀死水中浮游的细菌、病原菌以及寄生虫。最好选择比水族箱的尺寸高一规格的产品，据说这样可以几乎完全防御疾病。

杀菌灯对细菌和病原菌有很强效力，同时对抑制苔藓也很有效，这样就可以保持水族箱内饲养用水的透明度。已经生长在水族箱内的苔藓无法直接受到紫外线的照射，很难杀掉，但是它漂浮在水中的苔藓孢子可以通过紫外线杀死，这样也可以达到抑制苔藓繁殖的效果。除此以外，杀菌灯还有为饲养用水除臭褪色的作用。

虽然杀菌灯有各种各样的好处，但是也有人说它会杀死水族箱内所必需的细菌和植物。总之，杀菌灯对于抑制白点病确实有显著效果，因此在饲养容易罹患白点病的海水鱼时，它还是一个非常称心的帮手。另外，要注意杀菌灯的使用寿命，定期保养。

碘杀菌筒

使用碘球的杀菌方法。在水族箱内有水流的地方放上碘杀菌筒，饲养用水从其中流过后细菌和病原菌会附着在其表面，碘球溶化后就会杀死它们。在不杀菌的时候不会有碘流出，因此不会对海水鱼产生影响。与紫外线杀菌灯相比，碘杀菌筒的效果更强。

杀菌灯

杀菌筒

臭氧发生器

臭氧发生器

正如它的名字一样，它的作用就是制造臭氧的器具。臭氧发生器与杀菌灯相同，有杀菌、除臭和抑制苔藓的功效，最有效的是在水中制造臭氧，来分解水中的氮，杀菌效果极好。有的紫外线杀菌灯也能够制造微量的臭氧，但是这种商品的主要功效就是制造臭氧，所以能够产生大量的臭氧。不过臭氧也会散发出对人体有影响的物质，而且在水族用品商店出售的产品大多价格高昂。

臭氧发生器在制造臭氧的时候，如果湿度过高，就无法正常地按照设定程序制造臭氧，可能对于湿度较大的地区来说并不太适合。臭氧发生器主要是放在蛋白分离器中使用。

海水鱼的鱼饵

喂饵的方法

喂饵的时候，看到鱼捕食鱼饵的瞬间，对于饲养者来说是非常愉悦的一刻。但是，不能为了满足内心的喜悦就频繁喂食，否则好不容易维持了生态平衡的水族箱会由于喂食过于频繁产生不必要的剩饵、粪便，对生物过滤造成负担，导致水质恶化，最终导致海水鱼和珊瑚的死亡。

鱼饵的喂食标准最好是每天1～3次，考虑到水族箱内的海水鱼和其他生物的数量，喂食适当数量的食物。为了能够培养海水鱼以及整个水族箱的生态状态，维持健康的生活方式，最好每天定时喂饵。鱼饵是主要的饲养用品，因此种类十分繁多。也有根据饲养的海水鱼的种类而制成的专用鱼饵，各有各的特点，下面为大家逐一介绍。

人工干燥饲料

可以说是品种最多的海水鱼饲料。人工饲料有很多十分流行的产品，可以满足大部分海水鱼的需求。另外还有根据淡水鱼和海水鱼各自的营养需求开发出的高级饲料。与活饵不同，大多数的人工饲料如果不能够完全按照鱼的需求喂食，它们会给水族箱的水质带来很大的危害。另外，根据饲养个体的大小，饲料还分为浮游性饵料、沉降式饵料等多种多样的鱼饵，可以根据饲养的品种选择合适的鱼饵。

各种人工干燥饲料

各种冷冻鱼饵

冷冻鱼饵

指赤虫、丰年虫、蚤状溞等需要冷冻保存的鱼饵。在喂食的时候，需要事先解冻。取出需要的部分，放入适当的容器内，放在常温下解冻即可冷冻鱼饵，大多通过喂食器来喂食，还可以根据冷冻鱼饵的种类采取其他的喂食方法，比如冷冻鱼饵的专用杯。这种专用杯是用吸盘将一个网状的杯子固定在水面上，然后放入所需的冷冻鱼饵，鱼饵会自然解冻顺着网眼流到水族箱内，这样比普通的喂养方法可以减少沉降率，操作简单，因此在使用冷冻鱼饵的时候可以考虑此方法。不过无论使用哪种方法喂食，冷冻鱼饵都是很容易弄脏水族箱、影响水质的产品，注意不要喂食过多，如果有残饵可以用小网捞干净扔掉。

冷冻丰年虫

冷冻丰年虫是最常见的冷冻鱼饵，可以用来喂食任何一种海水鱼。与之相同还有"冷冻新糠虾"，和海水鱼偏好性很强的天然新糠虾相比，能够给观赏鱼提供它们容易缺乏的复合维生素，属于冷冻鱼饵中的终级产品。

冷冻新糠虾含有的维生素遇水不会溶解，即便是不喜欢维生素味道的鱼也可以食用。捕食植物的新糠虾含有丰富的胡萝卜素，最适合红海马食用。

冷冻赤虫

与冷冻丰年虫相同，都是十分受欢迎的产品。偶尔会有较大个体混入，但是对于嘴部较小的小型鱼来说是最容易捕食的鱼饵。和其他的鱼饵相比，它的颜色是红色的，看上去可能不是很可爱。

冷冻蚤状溞

与上述两种相同，都是冷冻鱼饵，颜色介于二者之间。小型鱼也能够食用。

活饵

在普通的超市和鱼店都可以见到的食用鱼作为鱼饵。因为是活的，所以也最容易污染水族箱，一定要注意按量喂食，最后不要忘记捞出残饵，尽可能地在喂食后几小时内及时清洁。

带壳虾

比较常见的产品。产品的大小也林林总总，最好根据饲养鱼的大小切碎后喂食。

蛤蜊等贝类

大多是活的。与上述相同，根据饲养的海水鱼大小切碎后喂食。另外也可以用刀子撬开蛤蜊的贝壳，然后直接放入水族箱底，自然就会有海水鱼过来觅食；即使喂给它们空壳，有时候它们也会将其敲碎食用。

液体食物

水族箱是一个相对封闭的环境，珊瑚生长所必需的营养要比自然界少很多，所以为了形成珊瑚的骨骼并防止由于细胞无法分裂造成的触手退化，可以使用液体食物喂养，它可以提供自然界饲养珊瑚所必需的养分。另外，也可以直接投入到水族箱内，不需借助其他工具。只要少量喂养，少量提供，就不会造成水族箱内的营养过剩，导致苔藓的繁殖。

本氏蝴蝶鱼对打开的蛤蜊产生了浓厚的兴趣

海水鱼易患疾病与治疗

海水鱼与淡水鱼不同，罹患疾病后的治疗方法很难，治愈率也比淡水鱼低很多。另外，在同一个水族箱内还有其他生物（虾、蟹、珊瑚、海葵等）或者生物石，所以很难直接把药物投放到水族箱内，只能将病鱼与其他生物隔离。如果没有备用的水族箱，不妨到常去的水族用品商店商量一下，看看是否可以暂时寄养在他们那里，当然这也是最终手段。

下面就介绍一下海水鱼容易罹患的疾病和所需药物。

白点病

无论是淡水鱼还是海水鱼都容易罹患此病，是一种非常常见的鱼病。

症状是鱼的身体表面出现白点，几天后白点的位置发生转移或者数量增加，身体摇摆，甚至还会扩散到眼部。由于引发海水鱼白点病的病原菌和引发淡水鱼白点病的病原菌完全是两种细菌，所以，对于淡水鱼来说白点病是非常常见的疾病，而且也很容易治愈，但是对于海水鱼来说，这可以说是一种致命的疾病。

白点病与粘孢子虫病最大的区别就是白点的位置会发生转移，需要及时治疗。如果一直放任不管，附着在海水鱼身体和鱼鳍上的白点虫吸收到足够的养分，就会迅速成长，发育到一定程度后就与营养体分离漂到水中，在水中迅速分解

成数百条，从而扩散到整个水族箱内，传染给其他鱼。另外，一旦海水鱼染上白点病，为了去掉身上的白点会习惯性地用身体在岩石或者珊瑚上蹭来蹭去，这时很容易划伤身体，造成创面，在创面还没有恢复的时期容易受到其他病菌的侵蚀，感染上其他疾病。

治疗白点病不能仅仅把病鱼隔离开进行治疗，而是要对整个水族箱进行杀菌，最有效果的治疗方法是使用硫酸铜和福尔马林。但是使用这两种药物会引发以下的问题，请爱好者在充分了解后再进行治疗。

●在治疗时如果把无脊椎动物如虾、蟹、海葵、珊瑚放置在水族箱内，会导致它们的死

亡。

●如果治疗方法以及时机有误，也会导致海水鱼的死亡。

●治疗后需要对水族箱进行全面清洁，在开始饲养无脊椎动物的时候，必须彻底打扫水族箱，并进行适当的过滤。

●使用福尔马林进行治疗的时候，对其溶液的浓度要求很高，大概在0.5ppm左右最为有效，治疗的时候，需要经常用浓度监测器测量其浓度。这也是一项非常辛苦的工作。由于硫酸铜和福尔马林确实能够起到较好的治疗效果，所以虽然风险很高，还是有愿意承担风险进行治疗的爱好者，那么请

在治疗开始前准备好福尔马林以及福尔马林浓度检测剂（测量福尔马林浓度的水质检测药剂）吧。

准备物品

治疗时需要的福尔马林可以在药店买到。

福尔马林检测剂（水质检测剂），浓度最好保持在0.5ppm左右，要想获得这一浓度，将5g的福尔马林溶解在50L的水族箱内，就可以得到这一浓度的溶剂。市场上也有5g一包出售的福尔马林，使用它来溶解可能更加方便。虽然大多数都推荐使用0.5ppm的溶液，但是

也有的鱼对福尔马林比较敏感（比如：箱鲀就喜欢0.3ppm的浓度），如果没有把握，可以查询相关书籍或者去海水鱼商店咨询。

治疗方法

将准备好的5g福尔马林倒入适当的容器中，加入50L海水，使浓度达到0.5ppm（福尔马林属于药品，在使用过程中需要注意）。

福尔马林粉完全溶解后就可以导入饲养海水鱼的水族箱内，需要注意，倒溶液的时候必须缓慢，不要直接把溶液倒在海水鱼的身上。如果可能的

话，可以用工具将福尔马林慢慢地溶解在水族箱内。

把福尔马林倒入水族箱后，就用准备好的检测剂进行检查。在尚未习惯之前可以对照浓度表来确认浓度（主要是根据颜色）。

在完成上述工作后要注意，随着时间的推移，福尔马林的浓度也会降低，所以要在1～2天后再次检测水族箱内饲养用水的浓度，根据测量的浓度值再重新添加福尔马林。重复上述工作直至白点病完全消失。

这时候必须要注意的一点是，即使白点消失，也不能立刻停止治疗。白点病的症状消失后，依然要持续治疗数日，防止复发（主要是为了防止在海水鱼体内也有病原体存活）。基本上在体表白点消失后持续治疗1周时间就可以完全治愈。

配合福尔马林的辅助疗法是逐渐升高水温，可以帮助海水鱼的治疗，但是这种方法需要记录在不同温度下海水鱼的状况，所以必须要循序渐进。不能突然一下将水温提高2～3℃，而是每隔数天提高1℃，每天观察海水鱼的状况。这种方法不仅有助于海水鱼的身体恢复，而且还能够缩短白点虫的生命周期，目标水温在

28℃左右。

如果在治疗过程中出现了其他症状，如痉挛等，就要立刻停止使用福尔马林而改用其他适当的添加剂或者保护剂，来中和水族箱内的饲养用水。然后再根据海水鱼的状态充分观察，隔一段时间再开始重新使用福尔马林。

其他治疗方法

除了福尔马林治疗方法以外，还可以使用碱性绿（孔雀绿）进行治疗。但是近年来发现这一药物中含有致癌物质，因此停止销售。也有一部分在销售，使用的时候必须加以注意，按照销售时规定的量使用，在投放的时候注意排水。

与福尔马林治疗方法相比，用碱性绿治疗的好处是对海水鱼、无脊椎动物、过滤细菌的伤害较小（不能说完全没有影响，不过与福尔马林的治疗相比，伤害较小）。但是对于虾类是有害的，所以在饲养虾类的水族箱内需要慎重使用。另外它对于端足类也是有害的，在自然系统的水族箱使用时要慎重。

还可以使用最常见的绿F金（Green F Gold）进行治疗，方法如下：

准备好让病鱼临时居住的水族箱或者其他容器。通常使用塑料箱等调配海水的容器作为隔离箱进行治疗，注意不要让饲养用的水族箱和治疗用的水族箱产生温差。

将规定剂量一半的绿F金放入临时容器，此药对海水鱼的伤害较小，但是也不能杀死白点病菌，只能起到保护病鱼不受其他细菌侵害的作用。

由于病鱼需要在隔离箱内生活数日，因此需要注意保持水温恒定，准备好相关的加热器、带温度调节器的风扇等。因为在使用药品，每天都要全部换水，如果条件允许可以准备好小型的过滤设备。

将放入一半剂量绿F金的海水换掉。这样做可以将病鱼身上剥离下来的白点抛弃掉，也正是因为如此，在换水的时候必须把容器清洁干净后再注入新的海水。换水的时候注意新注入的水温要和原有水温保持一致，否则就会因为温差而对病鱼造成伤害。

如此往复，附着在病鱼身上的白点虫大概需要3～4天就可以完全排除掉，当白点消失的时候，就可以停止治疗了。但是为了慎重起见，还要继续观察治疗中的病鱼的状态，直

到症状消失后依然要持续1～2天。

不使用药品，通过淡水浴的方法进行治疗

淡水浴营造出一种附着在海水鱼表面上的白点菌不喜欢的环境，而使其从病鱼身上剥离。

事先预备好一个隔离用的水族箱或者容器，然后倒入已经进行了除氯处理的自来水，注意不要产生温差。如果进行淡水浴，为了保证海水鱼的黏膜不受损伤，需要加入一些黏膜保护添加剂，在pH值较低的淡水环境中还可以加一些调节pH的添加剂，使其pH值与原有的水族箱保持一致。

放入病鱼。淡水浴的时间并不固定，根据病鱼的身体状态时间长短完全不同。一般来说在2～10分钟。淡水浴对病鱼的体力消耗巨大，体弱的病鱼不适合长时间浸泡，否则会导致其体力消耗过多死亡，但是也可以进行一些淡淡的药浴。

在淡水浴的过程中注意尽量不要伤害到海水鱼，尤其是不要使患部的鱼鳞脱落，轻轻地用棉棒或包裹着纱布的筷子擦拭病鱼的患处，使白点脱落。治疗后再将淡水浴用水更换数次让病鱼充分浸泡后，放回水族箱。

除了福尔马林治疗法以外，这3种方法的治疗效果都不是太好。

白点病的预防

白点病最重要的是早发现早治疗。该病很多都是在水族箱内增加新鱼的时候，寄生在新鱼身上而诱发的（尤其是神仙鱼、蝴蝶鱼等发生的概率极高，几乎是百分之百，最好事先在其他的容器内进行处理后再放入水族箱，这样比较安全）。在海水鱼发病的时候，首先要检查水族箱内的环境。如果不这样，即使花了很大工夫治好病鱼，也依然有复发的潜在诱因。

白点病大多与水温温差有关，首先要确认好水族箱的放置环境。是不是放在角落里通风不好导致水族箱内的温度不一，或者在现有的饲养环境下加热器等保温器具没有正常工作等。尤其是冬天早晚温差大，白天家里有人的时候开着暖气房间温度较高，但是没有人的夜里或者早上，周围环境温度也都降低，同时房间的空调也关上了，房间内的温度较低，当然也会影响水温变化。

"根据水族箱的尺寸购买加热器就可以了。"在抱着这种想法而大感放心之前最好先确认一下周围环境状况再施行。冬天是最容易引发白点病的季节，另外夏天空调的使用方法也会影响水温的变化。

因此，不仅要注意水族箱内的水温，同时还要注意房间的温度，每个季节设置的水族箱保温器具与周围的饲养环境是否匹配等等。另外，即使亚硝酸盐可以控制为0，但是这并没有什么好处。在刚刚设置好水族箱开始饲养生物的时候，生物过滤法未必能够完全确立，而无法处理产生的氮，这个时候就容易罹患白点病，需要注意。

粘孢子虫病

与白点病不同，大家对这种病并不是很熟悉。神仙鱼、小丑鱼等品种很容易罹患这种疾病，它是一种由病菌感染形成的疾病。海水鱼被打捞上来的时候，由于表皮受到损伤，或者是被岩石划伤表皮而形成伤口，这个时候病原菌侵蚀到伤口内因而感染发病。除此以外，水质恶化、精神压力等原因也可以导致此病。

病状大多是在鳍和鳃盖的

尖部出现白点，体表有无数的白点，虽然都是出现白点，但是此病并不是白点病，可能比较难以区分。

区别的方法是，白点病的白点位置会发生转移，而这一疾病的白点是一直待在原地不发生位置变化，而且白点还会逐渐变大。

除了白点以外，在鱼鳍上还会看到有白色的啫喱状物质附着在上面，随着病情的发展会逐渐扩散，甚至导致鱼鳍缺损。

另外，随着病情的发展，即使在最初阶段依然能够正常进食，但是食欲会逐渐减退，尤其是口部也感染后就完全不能进食了。而且，如果鳃盖内部也感染了此病菌，就会造成呼吸困难而导致死亡。

白点病对于海水鱼来说是一种最可怕的疾病，但是也无需太紧张。原因是它的病情发展缓慢，即使发展到重度导致死亡的例子也比较少。为了了解病情的进展，在海水鱼的嘴部周围也感染了该细菌后，或者是扩散到全身的时候就要迅速展开治疗。治疗方法比白点病简单，简而言之，就是不需要使用药品直接通过淡水浴也能够治疗。

注1：粘孢子虫病又被称为花椰菜病，在鱼鳍上沾染白色物质后逐渐扩散最后使鱼鳍受损。海水鱼在开始的时候食欲良好，但是随着时间的推移会逐渐衰退，发病的原因主要是水质恶化以及体表受伤。

治疗方法

①根据病鱼的大小准备好备用的容器或水族箱，主要是为了进行药浴使用，即使较小也没有关系。

②准备好水族箱后，倒入已经完成脱氯处理的自来水，一边换气一边将水温调整到与现有水族箱相同。

③准备好后，加入一点治疗擦伤的特效药，放入病鱼，进行3～4分钟的药浴。

④从药浴水族箱内将海水鱼取出，放平后，用手指轻轻地将病患处的白点取下。做这一动作要注意的是，必须在取出后的极短时间内完成，最长不能超过1分钟。另外，在拂去白点的时候注意不要太用力地按住鱼身。这种病的白点比白点病的白点附着能力强，需要用指甲小心地去掉。

⑤完成上述动作后，将病鱼放回药浴池，进行3分钟左右的药浴。

①～⑤的治疗完成后，把海水鱼放回水族箱内。

上述疗法可以每日做一次，在2～3天内完全治愈的可能性极高。在进行步骤④的时候，可以将少量的氯霉素和成黏土状敷在患处表面。另外，步骤⑤进行最后一次药浴的时候，如果方便可以往里面稍微加入一些海水（注意不要引起水温变化），可以在放回水族箱之前让病鱼先适应一下环境。淡水浴对于海水鱼是十分消耗体力的治疗方法，如果事先喂好鱼饵应该比较好。但是如果已经不能进食，这个治疗方法就比较难了，也就是说病鱼已经无法恢复了。

其他的治疗方法

可以由其他的生物体排出，比如说可以与虾或者裂唇鱼一起混养，然后降低海水浓度（1.02ppm以下），这样也可以去掉病原菌。但是由于要调节海水浓度，可能会对其他鱼造成损伤。最好的方法是将病鱼与虾或者裂唇鱼一起混养或者进行药浴。

绒状病（胡椒病）

与粘孢虫病相同，也是与

白点病较难区分的一种病。区分方法是海水鱼身上的白点逐渐发展呈黄色的带状。

这种疾病的诱因很多，例如水族箱内的海水很久没换，或者水温过高时易发生。观察时可以注意到，病鱼喜欢将身体在其他物体上不停地蹭来蹭去。

治疗方法

如上所述，可以使用福尔马林或者药浴和淡水浴来治疗。需要注意，只需进行淡水浴或者药浴即可，不需用手指特意去掉白点。

车轮虫病

小丑鱼容易罹患的疾病，比白点病和粘孢子虫病都要严重。和白点病一样，如果不迅速治疗，则会在几天之内迅速死亡（病情发展迅速）。如果不能及时发现，则很有可能一夜之间全部死光。

病症为海水鱼表面蒙上了一层薄薄的半透明膜，有白浊肥厚的白色物体漂浮在身体表面。这是由织毛虫和车轮虫冰原虫导致的，附着在体弱的海水鱼身上。海水鱼的体色就相当于人的脸色一样。一旦海水鱼体色发生变化，体色暗淡或

者发黑，那么很有可能是罹患了此病。

患病的主要原因是鱼的体力下降所导致的，预防此病的最好方法就是随时注意保持水质清洁。

治疗方法

原则上不需要使用药物治疗，只要通过淡水浴就可以治愈，在进行清洁体表的工作时，还是使用药浴比较安全，因此可以按照上述的粘孢子虫病的治疗方法治疗。

放入淡水进行治疗，就是使车轮虫部分（症状部分）的渗透压膨胀，可以直接用手指将体表的污物消除。然后再进行药浴则可完全治愈。

红涡虫（寄生虫）

所有的海水鱼都容易沾染的寄生虫。到现在为止发现的症状不一定都是体表有白点。病鱼喜欢在岩石表面蹭自己的身体，这是由呈扁平椭圆形状的寄生虫导致的。

寄生虫大多为半透明，因此不易发觉，在鱼鳍、头部、眼睛表面、鳃盖等部位寄生。很容易被误认为是白点病和绒状病（胡椒病）的初期症状，但是寄生虫病对海水鱼来说并

不是非常严重的疾病，并不可怕。不过也有可能是白点病的早期症状，因此需要充分观察。

治疗方法

与车轮虫病相同，进行淡水浴是最有效的治疗方法（不需要特意进行体表清除工作）。进行淡水浴的时候，寄生虫会从海水鱼身体上剥离死掉（可以用肉眼看见）。淡水浴的时间，小型鱼较短，大型鱼需要5～10分钟。

弧菌病

鱼的体表有擦伤时，伤口会附着上鳗弧菌和哈维氏弧菌等，从而导致发病。症状是患部的鳞片竖起，呈红色下垂。海水鱼也随着病情的推进而丧失食欲。另外其他的海水鱼也容易因攻击此伤口而受感染。

虽然它的传染力没有白点病那么强，但也是一种较强的传染病。尤其是如果一条鱼攻击了病鱼的患部，那么此病菌就会附着在攻击者的内脏上，也就是引发二次感染，这种情况很难从外面观察出来，一旦发病就已经来不及治疗了。

治疗方法

尽量隔离治疗，使用氯霉

素进行药浴治疗，也可以直接将药物洒在患处来治疗。另外还可使用绿F金进行药浴，无论是哪种治疗方法，都是越早发现治疗越好。福尔马林对于该病没有用处。

头皮损伤

在日常的观察过程中很容易发现的疾病。大型神仙鱼(女王神仙、蓝神仙鱼、马鞍刺盖鱼、蓝面神仙鱼)、高鳍刺尾鱼属的鼻鱼类（黄三角吊、紫色倒吊鱼）等很容易罹患此病。主要症状是头部像被虫子啃噬一样发生凹陷，侧线部分出现斑秃等症状，有时候还会发生背鳍和尾鳍缺损。

病因主要是药物（硫酸铜）投放过量、换水不足、缺乏维生素而导致的。预防措施是不使用过量的药品，常换水，保持鱼饵的营养均衡。

治疗方法

药物投放是否过量，饲养者本人是比较清楚的，如果是这种情况，最好加强换水频率，每隔3～4天就换一次水，如此往复，基本上用一个月的时间换掉1/3的水量。在治疗过程中尽量不要使用药物，只要注意改善整个系统即可。另外，

如果是维生素不足，则可以考虑适当地选择一些添加剂。

水蚯蚓是水质恶化的前兆

水箱内的营养过剩或者是换水不足水质恶化，就会在底砂或者是水族箱表面滋生出又细又长的生物，这就是水蚯蚓。对于海水鱼来说它是无害的，并不需要特别注意。但是一旦出现了水蚯蚓，可以说就是水质异常的前兆。如果出现了水蚯蚓而不采取相应的措施，就会加深水质恶化，成为引发病情的主要原因，对于这点必须要加以足够的重视。

索引

C

D

J

K

L

T

Y

Z

图书在版编目（ＣＩＰ）数据

世界海水鱼图鉴：600种海水鱼饲养与鉴赏图典 /
(日) 小林道信著；张蓓蓓译. -- 北京：中国民族摄影
艺术出版社, 2018.1
　　ISBN 978-7-5122-0991-6

Ⅰ. ①世… Ⅱ. ①小… ②张… Ⅲ. ①海水养殖—鱼
类养殖—图集 Ⅳ. ①S965.3-64

中国版本图书馆CIP数据核字(2017)第292486号

TITLE：〔Kaisuigyo Beginners Guide〕
BY：〔KOBAYASHI Michinobu〕
Copyright © 2007 KOBAYASHI Michinobu
Original Japanese language edition published by Seibundo Shinkosha Publishing Co., Ltd.
All rights reserved. No part of this book may be reproduced in any form without the written permission of the
publisher.
Chinese translation rights arranged with Seibundo Shinkosha Publishing Co., Ltd., Tokyo through NIPPAN IPS
Co., Ltd.

本书由日本株式会社诚文堂新光社授权北京书中缘图书有限公司出品并由中国民族摄影艺术
出版社在中国范围内独家出版本书中文简体字版本。
著作权合同登记号：01-2017-8107

策划制作：北京书锦缘咨询有限公司（www.booklink.com.cn）
总 策 划：陈 庆
策　划：肖文静
设计制作：王 青

书　名：世界海水鱼图鉴：600种海水鱼饲养与鉴赏图典
作　者：〔日〕小林道信
译　者：张蓓蓓
责　编：陈 徯
出　版：中国民族摄影艺术出版社
地　址：北京东城区和平里北街14号（100013）
发　行：010-64211754 84250639 64906396
印　刷：和谐彩艺印刷科技（北京）有限公司
开　本：1/16　170mm×240mm
印　张：14
字　数：96千字
版　次：2021年12月第1版第6次印刷
ISBN 978-7-5122-0991-6
定　价：68.00元